Python

数据科学加速

Dask·Ray·Xorbits·mpi4py

鲁蔚征 秦续业 / 编著

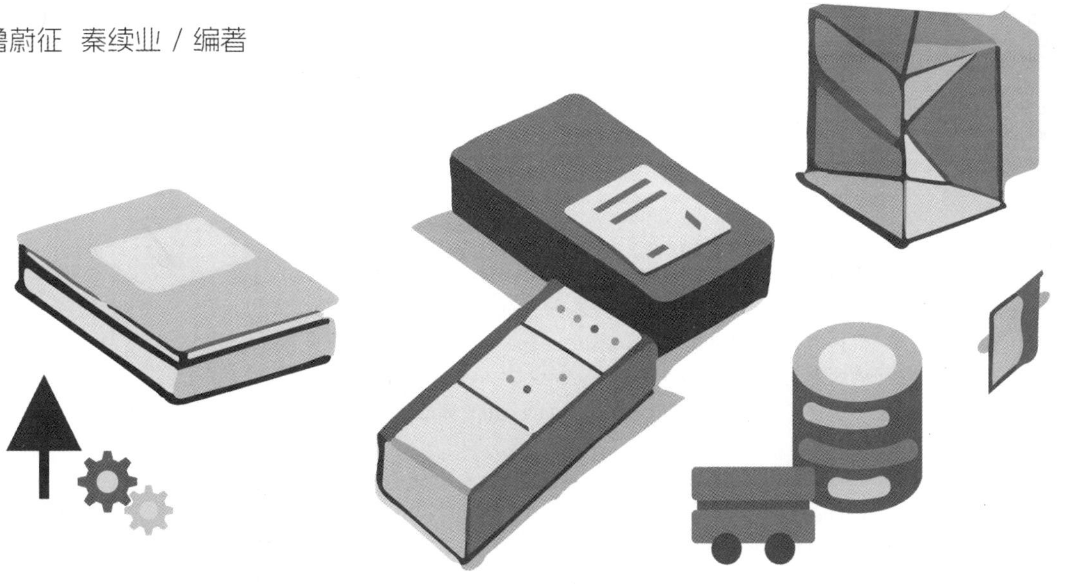

清華大學出版社
北 京

内 容 简 介

当前，数据驱动的理念已渗透到各个领域，数据科学和人工智能技术在制造业、金融、教育等多个行业中得到了广泛应用。Python 作为一种编程语言，已成为数据科学和人工智能领域的事实标准，它丰富的生态系统进一步增强了它在这些领域中的重要性。然而，随着数据量的不断增长，如何利用 Python 加速数据科学处理，并将它扩展到集群上的并行计算，已成为数据科学家面临的重要挑战。本书详细介绍了 4 种数据科学工具：Dask、Ray、Xorbits 和 mpi4py，这些工具可以帮助数据工程师和科学家处理更大规模的数据集、训练更复杂的模型，并更高效地进行机器学习模型的迭代和部署。

本书面向具备一定数据科学基础的数据工程师、数据科学家或领域专家，同时也适合大学生和研究生作为进入高性能数据科学领域的入门读物。

图书在版编目（ＣＩＰ）数据

Python 数据科学加速 ：Dask、Ray、Xorbits、mpi4py / 鲁蔚征，秦续业编著. -- 北京 ：清华大学出版社，2024. 11.
ISBN 978-7-302-67518-1

Ⅰ. TP312. 8

中国国家版本馆 CIP 数据核字第 2024NP4534 号

责任编辑： 赵　军
封面设计： 王　翔
责任校对： 闫秀华
责任印制： 丛怀宇

出版发行： 清华大学出版社
网　　址：https://www.tup.com.cn，https://www.wqxuetang.com
地　　址：北京清华大学学研大厦 A 座　　邮　　编：100084
社 总 机：010-83470000　　邮　　购：010-62786544
投稿与读者服务：010-62776969，c-service@tup.tsinghua.edu.cn
质 量 反 馈：010-62772015，zhiliang@tup.tsinghua.edu.cn

印 装 者： 定州启航印刷有限公司
经　　销： 全国新华书店
开　　本： 185mm×235mm　　**印　　张：** 15　　**字　　数：** 360 千字
版　　次： 2024 年 11 月第 1 版　　**印　　次：** 2024 年 11 月第 1 次印刷
定　　价： 89.00 元

产品编号：104582-01

前　　言

我们已经进入智能时代，智能应用层出不穷，数据驱动的理念正在深入渗透到各行各业。无论是金融建模、政府决策还是智能制造，这些领域无一不依赖于大数据和人工智能。Python编程语言已成为数据科学和人工智能领域的事实标准。Python 社区提供了大量的数据科学和人工智能库，例如 NumPy、Pandas、Scikit-learn、PyTorch 等，这些库和框架能够帮助数据科学家高效地进行数据分析和机器学习建模。

然而，一些库主要面向单机场景，难以方便地实现横向扩展。与此同时，数据正以更快的速度和更大的容量产生。以 GPT 为代表的大模型依赖于大量训练数据进行深度学习，这就需要更强大的计算框架来处理数据预处理和分布式深度学习。过去，大数据催生了许多分布式计算框架，如 Apache Hadoop、Apache Spark、Apache Flink，以及最近逐渐流行的 Ray 等。每一种计算框架都有其特定的使用场景。

早期的大数据计算框架，如 Apache Hadoop 和 Apache Spark，更关注数据预处理、抽取、转化和加载，主要使用 Java 技术栈。而深度学习社区主要基于 Python，这导致了技术栈的分割。随着 Python 影响力的不断提升，面向分布式人工智能场景计算的一些库不断涌现，包括 Dask、Ray、Xorbits 等。这些框架都基于 Python，解决了 Python 在大规模分布式计算方面的局限，并与深度学习社区无缝融合。

Dask 的设计目标是将 Python 数据分析生态系统扩展到集群上，特别是为了满足那些超出单台机器内存容量的大型数据集的处理需求。Dask 提供了灵活的并行计算能力，可以在单机多核或分布式集群环境中使用，并能无缝地集成到现有的 Python 数据科学工具链中。

Ray 是一款基于 Python 的全场景分布式框架，它保留了 Python 编程语言的易用性，并且可以与许多 Python 框架紧密结合。Ray 帮助数据科学家完成数据预处理、模型训练、参数调优以及模型部署。此外，Ray 还支持分布式高性能计算、联邦学习等。据悉，ChatGPT 的训练就大量依赖了 Ray。

Xorbits 与 Dask 类似，也能够将数据分析任务扩展到集群上。Xinference（Xorbits Inference）能够快速部署和管理大模型应用，方便数据科学家基于开源或自有的大模型构建智能应用，而不必依赖第三方的大模型服务。

MPI 是一个经典的并行计算工具，主要面向高性能科学计算。当前，人工智能大模型的并行训练和推理涉及许多 MPI 并行编程思想，使得 MPI 及基于 MPI 思想的各类通信库再次成为人们关注的焦点。mpi4py 对 MPI 进行了封装，允许使用 Python 编程语言调用 MPI。

本书详细讲解了上述 4 个工具，并辅以大量实战案例。读者可以复现书中的编程案例，通过实践学习来深入理解。本书面向具备一定数据科学基础的数据工程师、数据科学家或各领域专家，同时也适合大学生和研究生作为进入高性能数据科学领域的入门读物。通过本书，读者可以了解业界前沿的高性能数据科学实战经验。

本书提供源代码，读者可扫描以下二维码进行下载。

如果在下载过程中遇到问题，请发送电子邮件至 booksaga@126.com，并将邮件主题写为“Python 数据科学加速：Dask、Ray、Xorbits、mpi4py”。

作者

2024 年 7 月

目　　录

第 1 章

并行计算基础

本章将介绍计算机体系结构、线程和进程以及并行程序设计方法等并行计算基础知识。

1.1 现代计算机体系结构

大数据与人工智能应用对计算能力（简称算力）的要求极高，为了应对飞速增长的算力需求，芯片与硬件厂商近年来重点发展了多核、集群（Cluster）和异构计算（Heterogeneous Computing）。图 1.1 展示了现代计算机的体系结构。

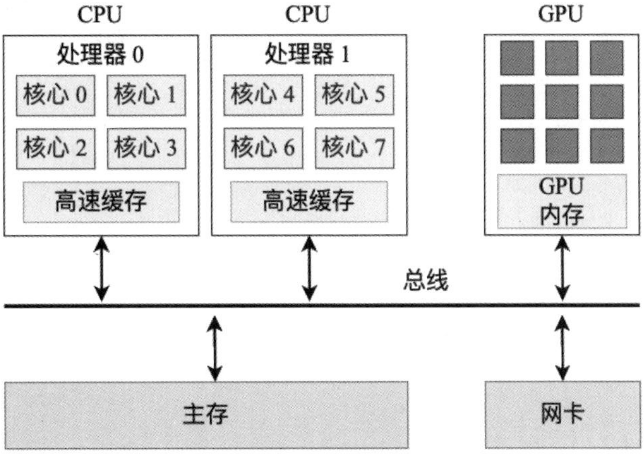

图 1.1 现代计算机体系结构示意图

所谓多核，是指一台计算机上拥有多个中央处理器（Central Processing Unit，CPU），每个 CPU 包含多个计算核心（Core）。每个 CPU 内部配有自己的缓存，比如一级缓存（Level 1 Cache，L1 Cache）或二级缓存（Level 2 Cache，L2 Cache）。CPU 外部则连接主存（Main Memory）。

所谓集群，是指多台计算机通过高速网络互联，每台计算机上都配备了网卡（Network Interface Card，NIC）。

近年来，以 GPU 为代表的异构计算异军突起，成为人工智能算力的核心。异构计算是指在 CPU 芯片微架构（Microarchitecture）的基础上，引入图形处理器（Graphics Processing Units）、现场可编程门阵列（Field Programmable Gate Array，FPGA）等另一套芯片微架构。在这种体系中，CPU 仍负责传统的处理和调度任务，而 GPU 等设备则用于加速某些特定任务，比如图形图像处理、人工智能和区块链应用等。

1.1.1 CPU

现代 CPU 通常有多个计算核心，例如，笔记本电脑和台式机最多可拥有十几个计算核心，而数据中心服务器则可以高达上百个核心。然而，让计算任务有效地分配到多个核心上并非易事，需要程序员在编写软件时将计算任务合理地调度到不同核心上。

1.1.2 网卡

单台计算机的计算能力有限。为了搭建一个高速互联的集群，数据中心服务器之间通常配备了高速网络，如 RoCE（RDMA over Converged Ethernet）或 InfiniBand。每台计算机至少配有一块高速网卡，各台计算机之间通过光纤互联，以获得极低的延迟和极高的吞吐率。这样，不同节点之间的数据存取几乎像是在单个节点上一样高效。

1.1.3 异构计算

在异构计算框架下，CPU 和主存通常被称为主机（Host），而各类专用的加速器则被称为设备（Device）。尽管异构计算是一个宽泛的概念，但目前基于 GPU 的异构计算已成为主流，尤其是英伟达公司的 GPU 占据了大量市场份额。因此，这里主要以 GPU 为例介绍异构计算。GPU 与 CPU 在芯片微架构和软件编译栈方面有所不同。在软件层面，英伟达的 GPU 提供了 CUDA（Compute Unified Device Architecture）编程接口；在硬件层面，GPU 包含大量专用计算核心（如 CUDA 核心或 Tensor 核心）和 GPU 专属的内存（GPU Memory）。通常，从主存到 GPU 内存之间数据传输会带来一定的时间开销。其他加速器的架构与英伟达 GPU 的架构有诸多相似之处。

1.2 串行执行与并行执行

如果不对计算任务（Task）进行并行加速，大部分计算任务将以串行方式执行，如图 1.2 所示。这里的 Worker 可以是一个计算核心，也可以是集群中的一个节点。

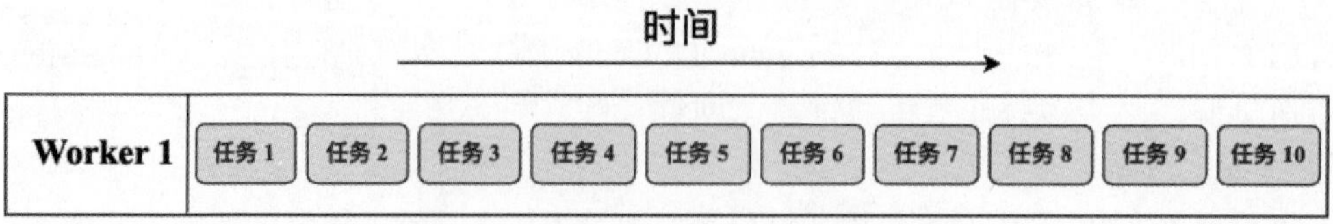

图 1.2　串行执行的时间轴示意图

集群和异构计算提供了更多可用的计算核心，并行计算将计算任务分配到多个 Worker 上，如图 1.3 所示。无论是在单机多核编程还是集群多机环境中，都需要一个调度器（Scheduler）将计算任务合理分配到不同的 Worker 上。随着更多 Worker 的参与，任务的总执行时间缩短，节省的时间可用于其他任务。

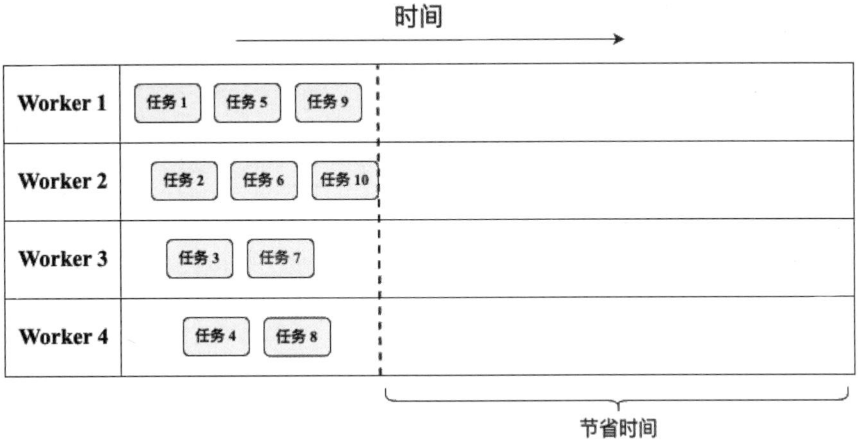

图 1.3　并行执行的时间轴示意图

1.3　线程和进程

CPU、GPU 和网卡等概念属于硬件层面。在软件层面，线程（Thread）或进程（Process）常用于描述程序的运行过程。

1.3.1　进程与线程

CPU、GPU 和网卡等硬件设备都由操作系统（Operating System，OS）管理。操作系统不仅管理硬件资源，还通过各类应用软件为用户提供服务。正在运行的软件称为进程（Process）。以个人笔记本电脑为例，当使用浏览器浏览网页时，操作系统会创建一个浏览器进程；使用文本编辑软件 Word 编写文字内容时，操作系统会创建一个 Word 进程。macOS 上的活动监视器（见图 1.4）和 Windows 上的任务管理器都能够显示操作系统当前运行的进程，以及各个进程对 CPU、内存等资源的占用情况。

在技术层面上，操作系统管理所有进程的执行，给进程合理地分配资源：操作系统以进程为单位分配主存空间，每个进程都有自己独立的主存地址空间、数据栈等。

在大部分编程语言的实现中，一个进程通常包含多个线程，如图 1.5 所示。每个线程可以在一个物理计算核心上运行，一个进程的多个线程可利用多个物理计算核心并行执行。

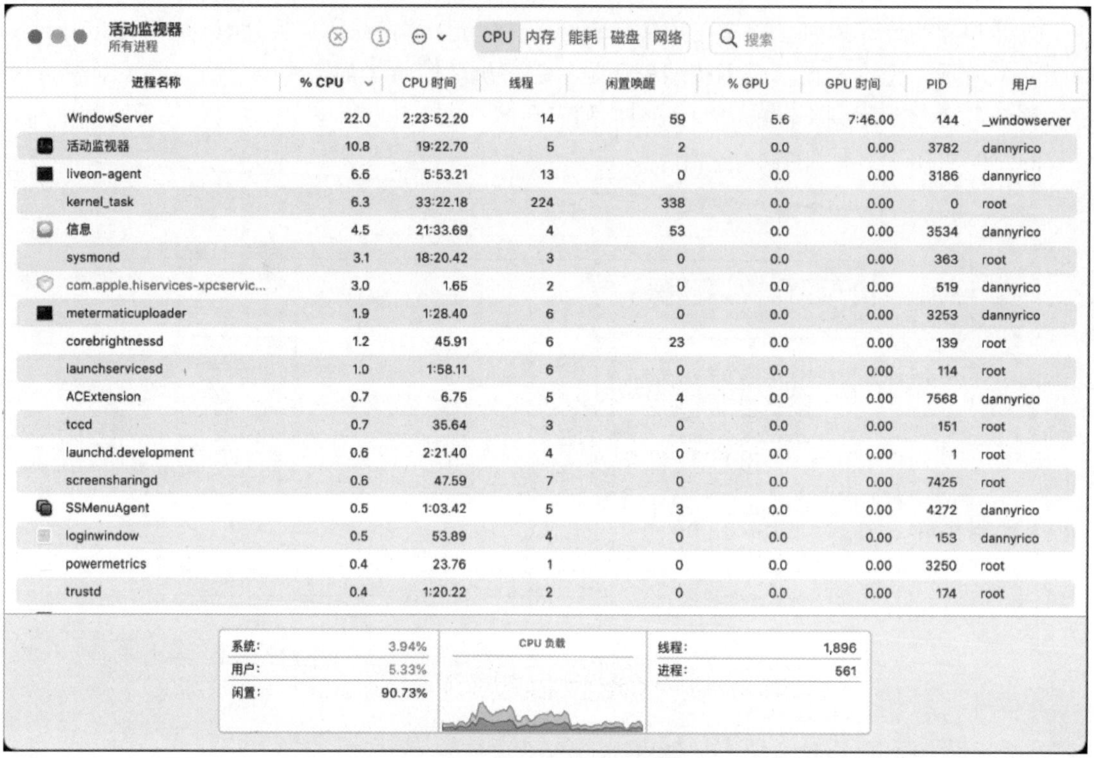

图 1.4　macOS 的活动监视器

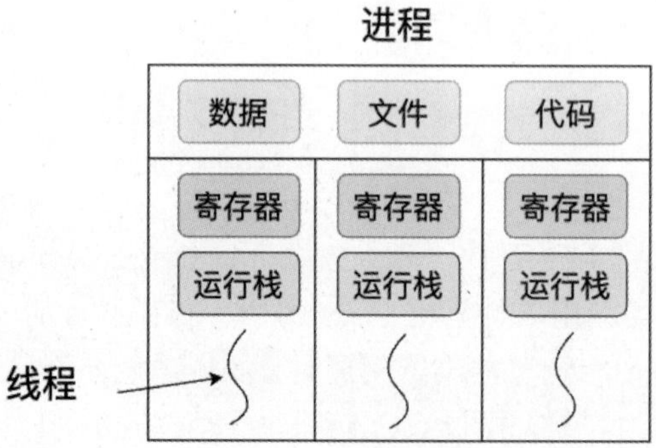

图 1.5　进程和线程

从图 1.5 可以看出，一个进程可以包含多个并发执行的线程。多个线程共享相同的上下文（数据、文件等），因此线程之间的数据共享和通信相对容易。

进程之间是相互隔离的，如果多个进程之间需要交换数据，必须通过进程间通信机制（Inter-Process Communication，IPC）来实现数据共享。例如，可以使用多个进程共享内存（multiprocessing.shared_memory），或者使用消息传递接口（Message Passing Interface，MPI），后者将在 11.1 节中介绍。

1.3.2　线程安全

由于多个线程共享上下文（数据、文件等），当不同线程访问同一数据时，容易引发线程安全（Thread Safe）问题。例如：

```
x = x + 1
x = x * 2
x = x - 1
```

如果这三行计算被调度到三个线程上，数据 x 将由这三个线程共享，且它们的执行顺序会显著影响计算结果。图 1.6 展示了三种不同的执行时序，这三种执行时序会导致不同的计算结果。由于调度时序影响，可能出现并行计算的结果不符合预期的情况，导致线程不安全。

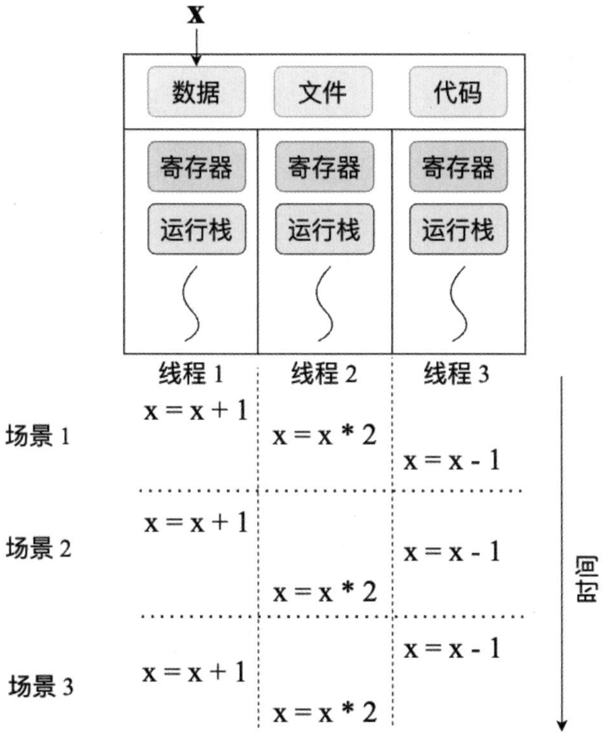

图 1.6　线程安全

解决线程安全问题最简单的办法是加锁。如图 1.7 所示，每个线程在修改共享数据之前先加锁，完成修改后再释放锁。

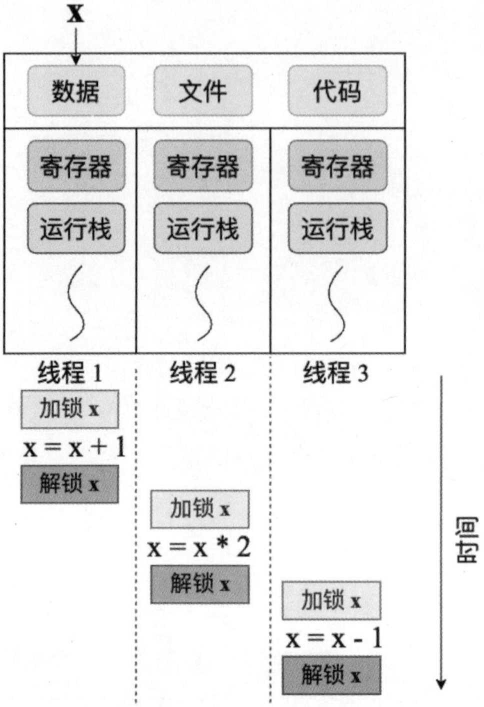

图 1.7　线程锁

1.3.3　全局解释器锁

Python 解释器 CPython 在解决线程安全问题时采用了一个激进的方式：全局解释器锁（Global Interpreter Lock，GIL）。

提　示
CPython 是 Python 解释器的一种实现，也是使用最广泛的一种实现。CPython 主要使用 C 语言实现。我们通过 Anaconda 安装的 Python 就是 CPython。 除了 CPython，还有 Jython（使用 Java 实现）和 IronPython（使用 C#实现）。

GIL（全局解释器锁）使得 Python 在一个进程下只允许一个线程运行。在 GIL 的限制下，一个 Python 进程只能利用一个 CPU 核心。GIL 的优势之一是能够确保线程安全，但它的缺点也很明显：在现代的单机多核计算机上，Python 及其大部分库（如 NumPy、Pandas、Scikit-learn）的功能只能使用一个 CPU 核心。

GIL 与整个 Python 生态紧密相关，它影响了 NumPy、Pandas 等许多库。移除 GIL 可谓牵一发而动全身。因此，要让 Python 充分利用现代计算机的多核计算能力，其实并不容易。

1.4 并行程序设计方法

1.4.1 PCAM

如何设计软件和算法，使得程序可以在多核或集群上并行运行？早在 1995 年，Ian Foster 在其书中提出了 PCAM 方法[1]，这种方法的思想可以用来指导并行算法的设计。PCAM 主要包括 4 个步骤：切分（Partition）、通信（Communicate）、聚集（Agglomerate）和分发（Mapping）。图 1.8 展示了这 4 个步骤。

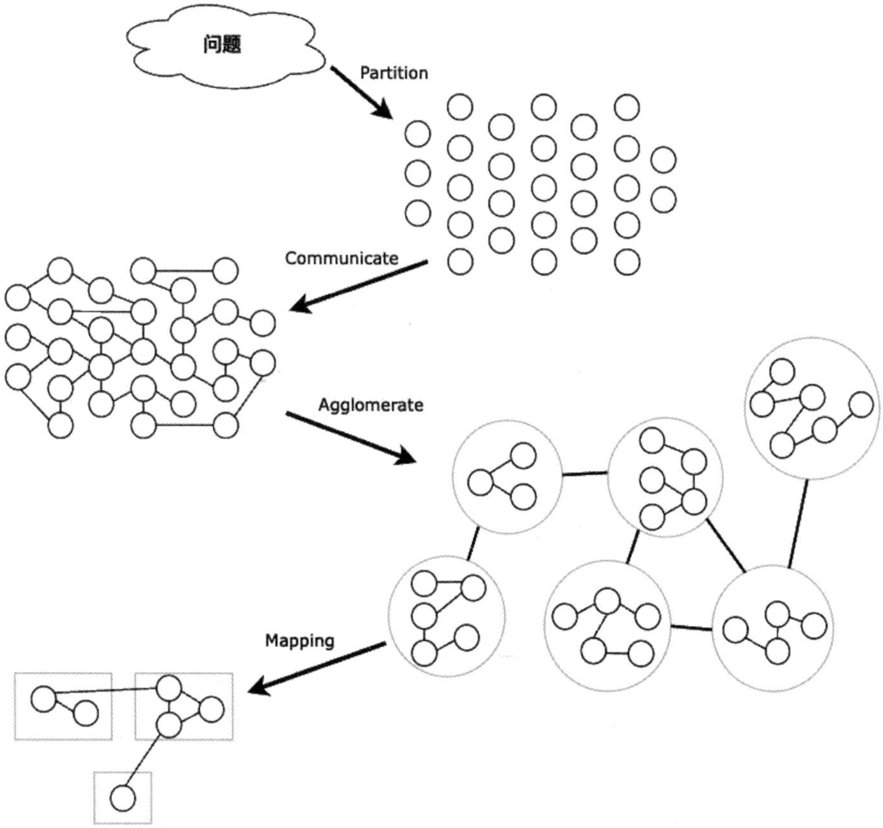

图 1.8　PCAM 方法

- 切分：将整个问题切分为多个子问题或子任务，包括计算部分和数据部分。
- 通信：定义不同子任务之间的通信方式，包括通信的数据结构和通信算法。
- 聚集：根据当前的硬件性能和编程难度，将前两步进一步整合，将细粒度的任务整合成更高效的任务。

- 分发：将整合好的任务分发给多个处理器。

例如，对于一个超大矩阵，它的大小为 $M \times M$，这个矩阵大到无法放在单个计算节点上计算。现在想得到这个矩阵的最大值，可以考虑如下的并行算法设计：

- 将矩阵切分成若干子矩阵，每个子矩阵的大小为 $m \times m$，并在每个计算节点上执行 max()函数以求得子矩阵的最大值。
- 将每个子矩阵的最大值汇集到一个计算节点，并在该节点上再次执行 max()函数以求得整个矩阵的最大值。
- 子矩阵大小为 $m \times m$ 的 max()函数可以在单个计算节点上运行。
- 将上述计算任务分发到多个计算节点上进行处理。

1.4.2　切分方式

设计并行程序中，最困难、最关键的部分是如何进行切分。常见的切分方式如下：

- 任务并行：一个复杂的程序通常包含多个任务，将不同的任务分配给不同的 Worker。如果任务之间没有太多复杂的依赖关系，这种方式可以有效地并发执行。
- 几何分解：将所处理的数据结构化，例如根据一维或多维划分矩阵，并将它们分配给不同的 Worker。刚才提到的对矩阵求最大值就是一个例子。

1.4.3　案例：MapReduce

Google 在 2004 年提出了 MapReduce[2]，这是一种典型的大数据并行计算范式。图 1.9 展示了使用 MapReduce 进行词频统计的处理方式。

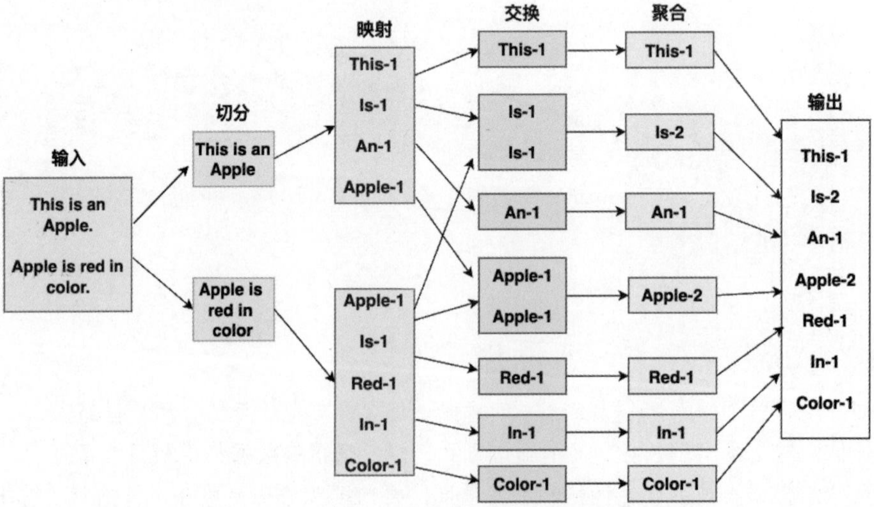

图 1.9　MapReduce 进行词频统计

MapReduce 主要涉及以下 4 个阶段。

- 切分（Split）：将大数据切分成多个小数据块，每份小数据可以在单个 Worker 上计算。
- 映射（Map）：对每个小数据执行 Map 操作。Map 是一个函数映射，程序员需要自定义 Map 函数。Map 函数输出一个键-值对（Key-Value Pair）。在词频统计的例子中，每出现一个词就计 1 次，Key 是词，Value 是 1，表示该词出现了 1 次。
- 交换（Shuffle）：将具有相同 Key 的数据归集到相同的 Worker 上。这一步涉及数据的交换。在词频统计的例子中，将相同的词汇发送到同一个 Worker 上。
- 聚合（Reduce）：对所有相同的 Key 进行聚合操作，程序员需要自定义 Reduce 函数。在词频统计的例子中，Shuffle 阶段已经将相同的 Key 归集到一起，现在只需要将所有词频求和。

MapReduce 的编程范式深刻影响了 Apache Hadoop、Apache Spark、Dask 等开源项目。

1.5 性能指标

为了客观评估并行计算程序的性能，需要一些标准。FLOPS 和加速比是最通用的指标。此外，对于特定的问题（如人工智能和大数据），还有一些特定的评测基准。

1.5.1 FLOPS

传统的高性能计算通常使用每秒处理的浮点计算次数（FLoating point OPerations per Second，FLOPS）来衡量软硬件的性能。

> **提示**
>
> 浮点数是指计算机以一定比特位数表示的小数。比特位数越高，数值越精确，但计算成本也越高。业界已经形成了一些标准，电气电子工程师学会（Institute of Electrical and Electronics Engineers，IEEE）定义了 16 位浮点数（FP16）、32 位浮点数（FP32）和 64 位浮点数（FP64）在计算机中的表示方法。大部分科学计算任务需要 FP64，而深度学习等任务只需要 FP32、FP16 甚至更低。需要明确的是，使用的是 FP32 还是 FP64 精度下的 FLOPS。因为不同硬件提供的 FP32 和 FP64 算力差异很大。

FLOPS 指的是每秒钟能够完成的浮点计算次数。如果进行一个 n 维向量加法 $a+b$ 所需的浮点计算次数为 n。将浮点计算次数除以时间，就是 FLOPS。

FLOPS 指标不仅依赖于硬件性能，还与软件和算法高度相关。1.3 节提到了线程安全问题，1.2 节提到了任务分发调度。如果软件算法设计不够好，可能导致大量计算资源闲置，从而使应用程序的 FLOPS 较低。

1.5.2 加速比

理论上，并行程序应该比对应的串行程序更快，所需时间更短。执行时间的缩短可以通过加速比来衡量：

$$加速比=\frac{t_s}{t_p}$$

其中，t_s 为串行程序的执行时间，t_p 为并行程序的执行时间。

在加速比指标的基础上，还有一种衡量方法，叫作效率：

$$效率=\frac{加速比}{N}=\frac{t_s}{N\cdot t_p}$$

其中，N 为并行程序所使用的计算核心的数量。当加速比等于 N 时，说明串行程序可以线性拓展到多个计算核心上，此时可以说并行程序获得了线性加速比。

线性加速比是最理想的情况，实际上很难达到。并行程序需要调度器将不同的任务分发到多个 Worker 上，多个 Worker 之间还需要通信，数据在多个 Worker 之间需要同步，这些步骤都会浪费时间。

另外，在使用 GPU 时，计算效率指标的 N 取值也存在一定争议。GPU 上的计算核心数量庞大，很难在一个 GPU 计算核心上测试得到 t_s。GPU 与 CPU 是协同工作的，在计算加速比或效率时，是否需要把 CPU 考虑进来，目前尚未达成共识。

第 2 章

数据科学

本章主要介绍数据科学的相关背景知识，如果读者对这些基础知识已有较好掌握，可以选择跳过本章。

2.1 数据科学生命周期

数据科学主要围绕数据进行探索和实验，一个数据科学项目通常涉及多个步骤，比如数据准备、建模以及部署到生产环境中。如图 2.1 所示，Shearer 首次提出的业界标准 CRISP-DM（Cross-industry standard process for data mining）[3]，该标准描述了数据科学的生命周期。

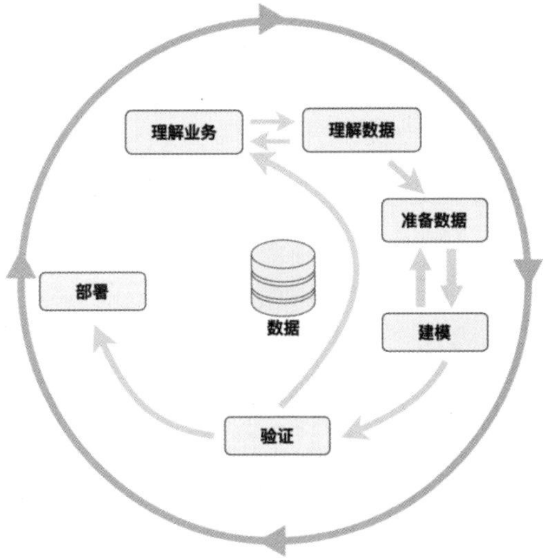

图 2.1　数据科学生命周期

CRISP-DM 主要涉及六大部分：

- 理解业务。
- 理解数据。
- 准备数据。

- 建模。
- 验证。
- 部署。

2.1.1 理解业务

理解业务逻辑对任何项目的成功至关重要，因为数据科学的最终目的是服务于业务，所有数据相关的探索都应围绕业务目标展开。在进行具体的数据科学建模之前，数据分析师需要深入理解业务。例如，在电商数据分析中，需要首先了解电商的内在逻辑、用户需求及公司商业目标，这样才能在后续的建模分析中更好地为用户与公司服务。

房价预测是一个典型的数据科学场景，我们选择了加利福尼亚房价数据集进行演示，该数据集提供了房价、街区收入、房屋年龄、房间数、卧室数、街区人口等特征信息。在这一业务场景中，我们需要明确业务目标：买卖双方根据房屋的情况谈判，使房屋以合理的价格成交，而房屋价格受许多因素的影响。

2.1.2 理解数据

在理解业务逻辑之后，下一步是理解数据。数据分析师需要与业务团队密切合作，了解业务中有哪些数据（包括第三方数据）。具体而言，数据分析师需要深入了解数据的生成方式、数据描述、数据类型以及其他相关信息。在这个阶段，数据分析师还可能需要进行探索性数据分析（Exploratory Data Analysis，EDA），通过查看数据的分布或数据可视化来了解数据的基本情况。

在这里，我们将对房价数据集进行探索。值得注意的是，企业的数据通常比开源数据更复杂，与业务结合得更紧密。

```
from sklearn.datasets import fetch_california_housing
import pandas as pd

cal = fetch_california_housing(data_home="../data/", as_frame=True)
cal_df = pd.DataFrame(cal.data, columns=cal.feature_names)
cal_df['MedHouseValue'] = pd.Series(cal.target)
cal_df.head(3)
```

数据共有 8 列，我们希望预测其中的 MedHouseValue（即房价）。我们可以使用一些可视化方法来对数据进行宏观了解。

```
%config InlineBackend.figure_format = 'svg'
import seaborn as sns

sns.scatterplot(data=cal_df, x="MedInc",y='MedHouseValue',
    hue='MedHouseValue', palette='cool', legend=False)
```

运行结果如图 2.2 所示。

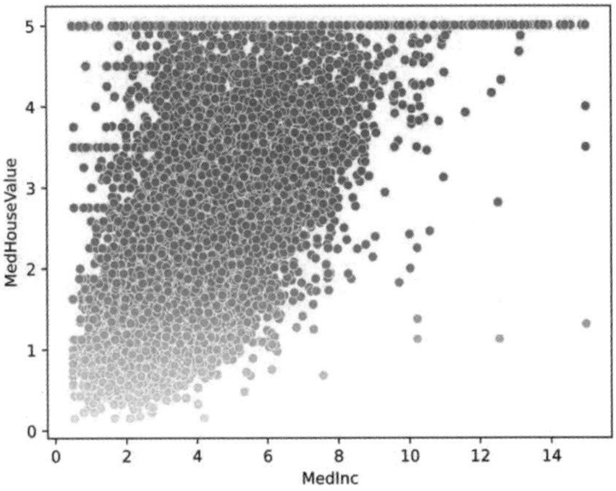

图 2.2　运行结果 1

可以看到，房价与收入有一定相关性。

2.1.3　准备数据

理解基本情况之后，下一步是数据准备。这一步也被称为数据清洗（Data Cleaning）或数据整理（Data Wrangling）。数据准备包括选择数据、多源数据的融合、清洗数据、删除不需要的列和特征、处理缺失值和异常值；通过特征工程从现有数据中构建新数据，派生新特征；将数据格式化为下一步所需的结构。对于机器学习任务，还需要将数据切分为训练集和测试集。这一步也非常依赖探索性数据分析，以识别数据的模式和异常值。对数据的洞察可以帮助找到正确的算法模型。

网络上的开源数据往往已经被处理过，实际业务场景中的数据准备难度远大于处理过的开源数据。因此，数据准备是最耗时的步骤，可能占据整个项目时间的 70%~90%。然而，它是数据科学生命周期中最重要的步骤。

在房价预测的场景中，当前使用的开源数据集只有 8 列特征。为了更好地完成这个任务，我们应该挖掘更多的信息，例如房屋面积等更详细的信息。如果能从其他数据源获取数据并将这些数据融合，将显著提升模型的准确度。然而，数据融合需要进行数据清洗和对齐工作。

数据的预处理非常依赖于数据分析师的经验，这里不展开详细讲解。现在我们只对数据进行切分，将数据分为训练集和测试集。

```
from sklearn.model_selection import train_test_split

X_train, X_test, y_train, y_test = train_test_split(cal.data, cal.target, random_state=11)
```

2.1.4 建模

建模被认为是数据分析的核心。建模将准备好的数据作为输入，输出所需预测的值。建模需要对业务问题进行提炼，确定当前的数据科学问题是分类问题、回归问题、聚类问题或其他问题，再选择一个合适的模型来处理数据。选择模型后，需要在各种算法中调整每个模型的超参数，以实现所需的性能。

```
from sklearn.linear_model import LinearRegression

linear_regression = LinearRegression()
linear_regression.fit(X=X_train, y=y_train)
```

2.1.5 验证

在正式部署到生产系统之前，我们还需要验证模型的表现。有许多评估指标可以用于验证模型的效果，比如模型的准确性。我们可以将预测值与真实值进行比较，也可以尝试不同的模型和超参数，以观察它的准确性。

```
predicted = linear_regression.predict(X_test)
expected = y_test

df = pd.DataFrame()
df['Expected'] = pd.Series(expected)
df['Predicted'] = pd.Series(predicted)

axes = sns.scatterplot(data=df, x='Expected', y='Predicted',
                       hue='Predicted', palette='cool', legend=False)
```

运行结果如图 2.3 所示。

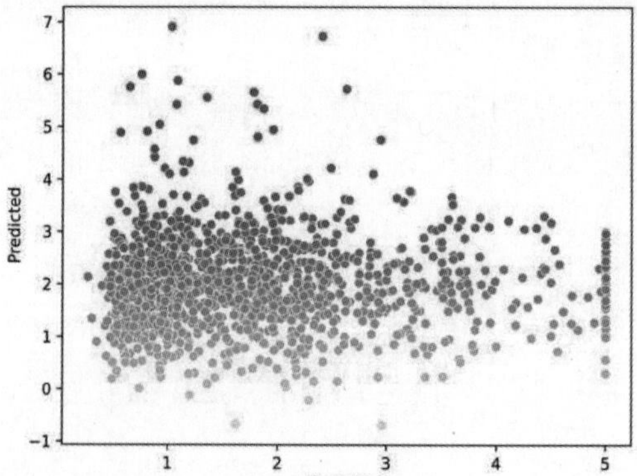

图 2.3　运行结果 2

2.1.6 部署

模型在部署上线前必须经过严格的验证。在正式向所有用户开放之前，除了进行离线测试外，还应实施线上灰度测试。所谓离线测试，是指仅在离线环境中进行验证，基于历史数据，不将模型推送给线上用户。而灰度测试则是在项目正式全面推广之前，选择特定用户群体进行试用，并根据反馈效果逐步增加试用者的数量，实现从“灰”到“全量”的过渡。如果灰度测试的结果不尽如人意，需要继续迭代并重复上述所有步骤。此外，如果数据收集不准确，数据清洗处理不当，或离线测试的评估指标存在问题，模型在实际线上应用中的效果也可能不理想。

2.1.7 小结

以上各个步骤共同构成了数据科学的生命周期，从 2.1 节的案例中可以看到，数据科学是一个反复迭代的过程，各步骤之间没有特别明显的界线。

2.2 机器学习

机器学习是指通过学习已有数据中的统计规律，使计算机能够预测未知数据。一个完整的机器学习项目分为两个阶段：训练（Training）和推理（Inference）。计算机学习已有数据的过程被称为训练阶段，预测未知数据的过程被称为推理阶段。

2.2.1 机器学习的定义

给定数据集 $\boldsymbol{D}=\{(\boldsymbol{x}_1, y_1), (\boldsymbol{x}_2, y_2), \cdots, (\boldsymbol{x}_m, y_m)\}$，其中包含 m 个数据对。第i条数据为$(\boldsymbol{x}_i, y_i)$，这条数据被称为一组训练样本（Training Example）。在 2.1 节的房价预测例子中，$\boldsymbol{x}_i$ 是一个特征向量，其中的每个元素是数据科学家构建的特征，例如街区收入、房屋年龄、房间数、卧室数、街区人口等。基于这些数据，我们可以使用某种机器学习模型进行建模，从数据中学习规律，并得到一个模型。此时，数据集 $\boldsymbol{D}$ 被称为样本（Sample）或训练集（Training Set），$\boldsymbol{x}$ 为特征（Feature），y 为真实值（Label）或目标值（Target）。

2.2.2 线性回归

1. 一元线性回归

我们从线性回归开始了解机器学习模型的数学原理。在中学阶段，我们常用公式 $y=ax+b$ 来对很多问题进行建模，此方程描述了变量 y 随着变量 x 的变化关系，表现为一条直线。建立这样的数学模型后，给定 x，我们就可以得到预测的 $\hat{y}$（统计学家通常在变量 y 上加上“帽子”来表示预测值，以与真实观测到的数据相区分）。该方程只有一个自变量 x，且不包含平方、立方等非一次项，因此称为一元线性方程。

在对数据集进行建模时，我们从最简单的情况入手，假设只关注房屋面积（x）和房价（y）两个维度的数据。我们可以通过调整参数 a 和 b 的值，生成不同的直线，构成一个参数家族。在这些参数组合中，有一个组合是最佳的，它能够以统计上最优的方式拟合数据集。一元线性回归的监督学习过程可以定义为：给定 m 个数据对(x,y)，寻找最佳参数a^*和b^*，使模型可以更好地拟合这些数据。a 和 b 可以取不同的参数，到底哪个参数组合是最佳的呢？如何衡量模型是否以最优的方式拟合数据呢？机器学习使用损失函数（Loss Function）来衡量这个问题。损失函数又称为代价函数（Cost Function），它计算了模型预测值 $\hat{y}$ 和真实值 y 之间的差异程度。从名字也可以看出，这个函数计算的是模型犯错的损失或代价，损失函数越大，模型越差，越不能拟合数据。统计学家通常使用 $L(\hat{y},y)$ 来表示损失函数。

对于线性回归，一个简单实用的损失函数为预测值与真实值误差平方的平均值。在下面的公式中，i 表示数据集中的第 i 个样本点：

$$L(\hat{y},y)=\frac{1}{m}\sum_{i=1}^{m}(\hat{y}_i-y_i)^2$$

在此基础上，代入公式 $\hat{y}=ax+b$，得到：

$$L(\hat{y},y)=\frac{1}{m}\sum_{i=1}^{m}((ax_i+b)-y_i)^2$$

对于给定数据集，x 和 y 的值是已知的，而参数 a 和 b 是需要求解的。模型的求解过程就是解出下面公式的过程：

$$a^*,b^*=\arg\min_{a,b}L(a,b)$$

其中，argmin是一个常见的数学符号，表示寻找使 L 函数最小的参数组合 a^*和 b^*。

$$a^*,b^*=\arg\min_{a,b}\frac{1}{m}\sum_{i=1}^{m}((ax_i+b)-y_i)^2$$

求解这个函数通常有两种方法：

- 基于微积分和线性代数的知识，求出使得 L 的导数为 0 的点。这个点一般为最优解。这种方式适用于解简单的模型。
- 基于梯度下降法，通过迭代不断搜索最优点。梯度下降法能解决很多复杂的模型，例如深度学习模型。2.3 节将进一步解释梯度下降法。

2. 线性回归的一般形式

我们现在把回归问题扩展到更为一般的场景。假设 x 是多元的，或者说是多维的。例如，在预测房价时，需要考虑许多因素，包括学区、卧室数量（如两居、三居、四居）、周边商业、交通等。例如下面的公式，每个因素对应一个权重 W：

$$f(\boldsymbol{x})=b+W_1\times x_1+W_2\times x_2+\cdots+W_n\times x_n$$

W 是参数（Parameter），也称为权重（Weight）。这里共有 n 个影响因素，在机器学习领域，将这 n 个影响因素称为特征（Feature）。用向量表示为：

$$f(\boldsymbol{x})=b+W_x$$

要预测的 y 是实数，范围从负无穷到正无穷。用于预测实数的模型被称为回归模型。

2.2.3 逻辑回归

回归问题是指目标值属于整个实数域，而分类问题则是指目标值为有限的离散值。例如，在情感分类任务重，目标值有 0 和 1 两种可能值，分别表示负向和正向情感。一个二分类函数可以表示为：

$$y=\begin{cases}0 \text{ if } & z<0\\ 1 \text{ if } & z\geqslant 0\end{cases}$$

在线性回归的基础上，在其外层加上一个函数 $g(z)$：

$$g(z)=\frac{1}{1+\mathrm{e}^{-z}}$$

这个 $g(z)$被称为 Sigmoid 函数或 Logistic 函数。下面对 Sigmoid 函数进行可视化。

```
%config InlineBackend.figure_format = 'svg'
import matplotlib.pyplot as plt
import numpy as np

fig, axs = plt.subplots(1, 1, figsize=(4, 3), sharey=True)

# 创建 X 轴的数据
x = np.linspace(-4, 4, 200)

# 创建 sigmoid 函数的 Y 轴数据
sigmoid = 1 / (1 + np.exp(-x))

plt.plot(x, sigmoid, label='Sigmoid function')
plt.title('Sigmoid')
plt.xlabel('x')
plt.ylabel('g(x)')
plt.grid(True, which='both', linestyle='--', linewidth=0.5)

plt.tight_layout()
```

```
plt.show()
```

运行结果如图 2.4 所示。

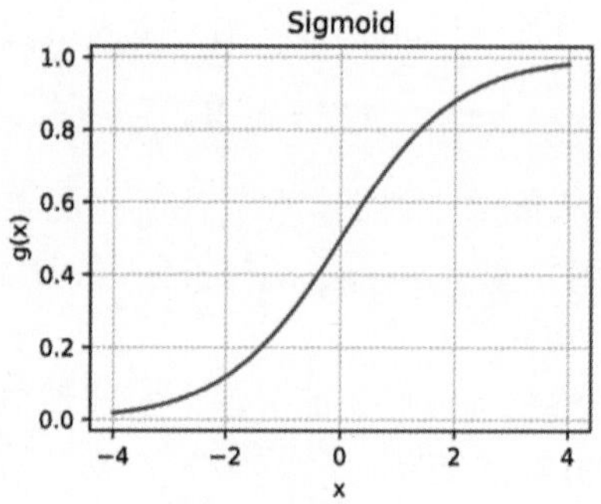

图 2.4　运行结果 3

Logistic 函数的性质决定了它可以将$(-\infty, \infty)$映射到$(0,1)$上，Logistic 函数有明确的分界线，在中心点处取值为 0.5，因为 Logistic 函数有明确的分界线，可以用来进行分类。我们将线性回归代入 Logistic 函数，可以得到：

$$y=f(\boldsymbol{x})=g(\boldsymbol{W}\boldsymbol{x})=\frac{1}{1+\mathrm{e}^{-\boldsymbol{W}\boldsymbol{x}}}$$

这里不再赘述 Logistic 回归的训练和求解过程的数学推导，感兴趣的读者可以在互联网上查找相关资料。

2.3　深度学习

2.3.1　深度神经网络

深度学习是指深度神经网络的应用。简单来说，神经网络由多个神经元组成（可由下面的公式表示），而深度神经网络则是由多个神经网络层堆叠而成。

$$z=\boldsymbol{W}\cdot\boldsymbol{x}+b$$
$$\boldsymbol{a}=f(z)$$

$\boldsymbol{x}$ 是输入，$\boldsymbol{W}$ 是神经网络的参数，也称为权重。神经网络的学习过程就是不断更新参数 $\boldsymbol{W}$ 的过程，也就是所谓的训练过程。训练好的模型可以用于推理和预测未知数据。f 是激活函数（Activation Function）。$\boldsymbol{W}$ 与 $\boldsymbol{x}$ 相乘只是一个线性变换，即使多个乘法叠加起来，仍然是线性变换，或者说没有激活函数的多层网络会退化成一个单层线性模型。激活函数在神经网络中引入了非线性因素，使得多层神经网络理论上可以拟合任何输入数据到输出数据的模式。从模拟生物神经元的角度看，激活函数的作用是使得有些神经元被激活，而其他神经元被抑制。常见的激活函数有 Sigmoid 和 ReLU。2.2 节中我们对 Sigmoid 函数进行了可视化，ReLU 的公式为 $f(x) = \max(0, x)$。

2.3.2　前向传播

图 2.5 展示了一种最简单的神经网络结构：将 $z^{[n]}=\boldsymbol{W}^{[n]}\cdot\boldsymbol{a}^{[n-1]}+\boldsymbol{b}^{[n]}$和 $\boldsymbol{a}^{[n]}=\boldsymbol{f}(z^{[n]})$进行堆叠，前一层的输出 $\boldsymbol{a}^{[n-1]}$作为下一层的输入。这种网络又被称为前馈神经网络（Feedforward Neural Network，FNN），或者多层感知机（Multilayer Perceptron，MLP）。在多层网络中，为了区分不同的层，用方括号上标来表示，例如 $\boldsymbol{a}^{[1]}$是第一层的输出，$\boldsymbol{W}^{[1]}$是第一层的参数。

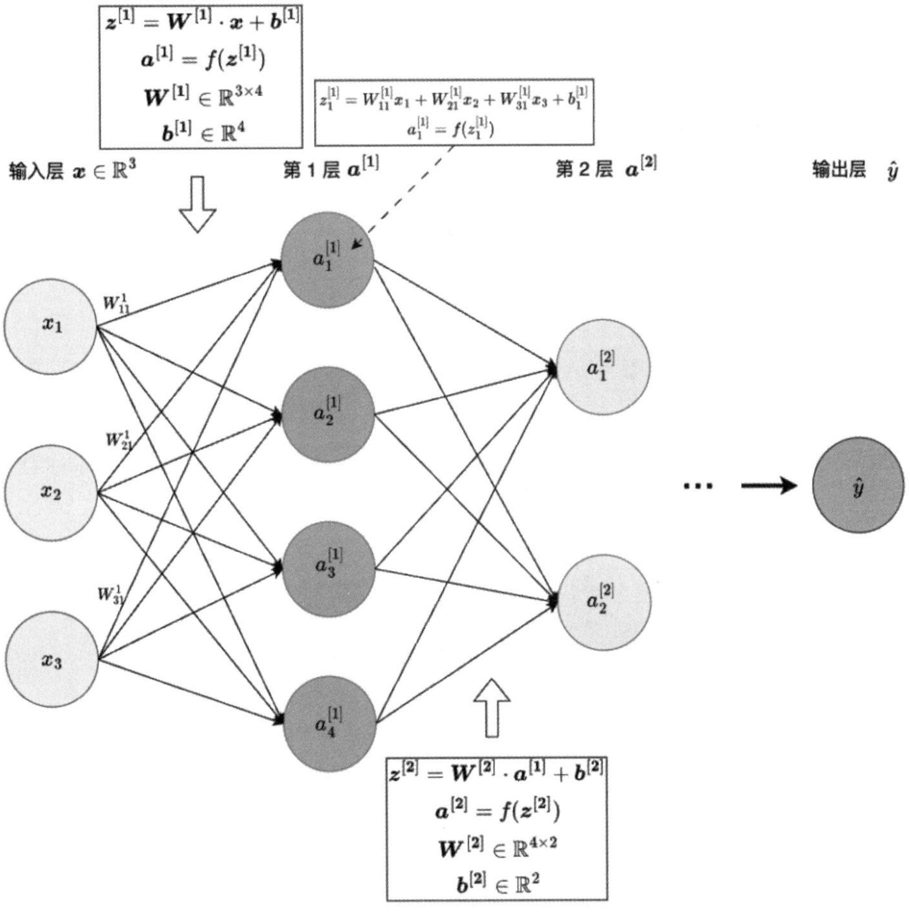

图 2.5　神经网络的前向传播

这是神经网络前向传播的过程：假设输入 $\boldsymbol{x}$ 是一个 3 维的向量，其中的每个圆圈表示向量的一个元素（即一个标量值）。图中同时演示了第一层的 $\boldsymbol{a}^{[1]}$向量化计算方式，以及 $z_1^{[1]}$ 的标量化计算方式。在实际应用中，通常需要使用现代处理器的向量化引擎来完成这些计算。

2.3.3　反向传播

神经网络的训练过程就是不断更新各层的 $\boldsymbol{W}$ 和 $\boldsymbol{b}$。

首先，以某种随机初始化方式初始化各层的 $\boldsymbol{W}$ 和 $\boldsymbol{b}$。例如，可以初始化为正态分布的小数。

接着，确定一个损失函数（Loss Function）L。损失函数计算了神经网络预测值 $\hat{y}$ 与真实值之间的差距，训练的目标就是让损失函数尽可能小。例如，在预测房价的案例中，我们使用误差的平方（Squared Error）作为损失函数。某个样本的损失函数为 $L=(y-\hat{y})^2$。

然后，计算损失函数对每层参数的导数。损失函数 L 关于第 l 层的 $\boldsymbol{W}^{[l]}$和 $\boldsymbol{b}^{[l]}$导数为 $\frac{\partial L}{\partial \boldsymbol{W}^{[l]}}$ 和 $\frac{\partial L}{\partial \boldsymbol{b}^{[l]}}$，再按照下面的公式更新 $\boldsymbol{W}^{[l]}$和 $\boldsymbol{b}^{[l]}$：

$$\boldsymbol{W}^{[l]}=\boldsymbol{W}^{[l]}-a\frac{\partial L}{\partial \boldsymbol{W}^{[l]}}$$

$$\boldsymbol{b}^{[l]}=\boldsymbol{b}^{[l]}-a\frac{\partial L}{\partial \boldsymbol{b}^{[l]}}$$

其中，α 是学习率，即参数更新的速度。如果学习率太大，可能会导致振荡并且不容易收敛；如果学习率太小，收敛速度会过慢。

各层的导数也被称为梯度，参数沿着梯度的反方向向下降，这种方法被称为梯度下降法。在计算各层的导数时，通常是从最后的损失函数开始，逐层向前计算梯度。即先计算第 n 层的梯度，得到第 n 层的梯度后，再根据链式法则计算第 n−1 层的梯度。图 2.6 展示了神经网络的反向传播过程。

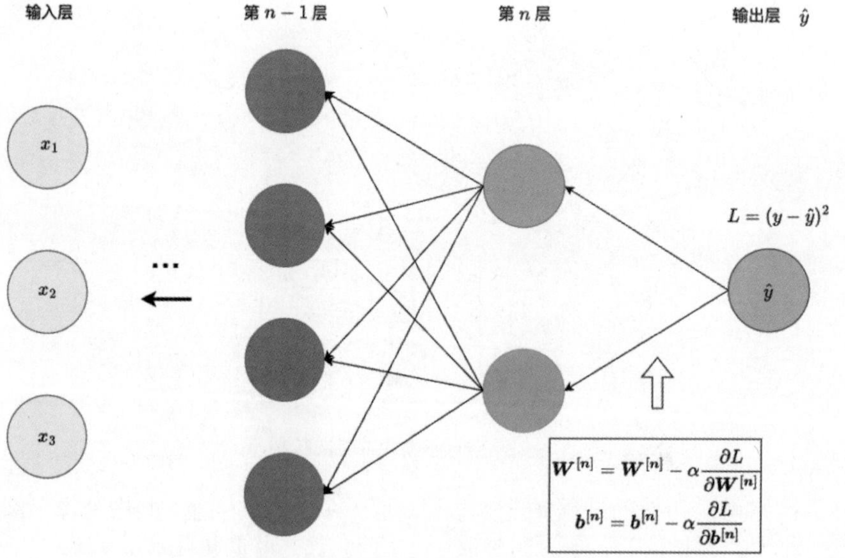

图 2.6　神经网络的反向传播

2.3.4　超参数

在神经网络训练过程中，有一些需要人为设定的参数，这些参数不能通过模型的反向传播算法来自动学习，而需要手动选择和调整。这些参数又被称为超参数（Hyperparameter）。超参数的选择通常基于经验或反复试验。以下是一些超参数：

- 学习率：即刚才提到的 α，控制每次更新参数的步长。
- 网络结构：包括模型的层数、每层的神经元数量、激活函数的选择等。不同的网络结构在不同任务上可能表现出不同的性能。

2.3.5　实现细节

神经网络训练通常包括以下三个步骤：

- 一次前向传播。
- 一次反向传播。
- 一次更新模型权重。

图 2.7 展示了在神经网络的第 i 层进行训练时，以上三个步骤的输入和输出。

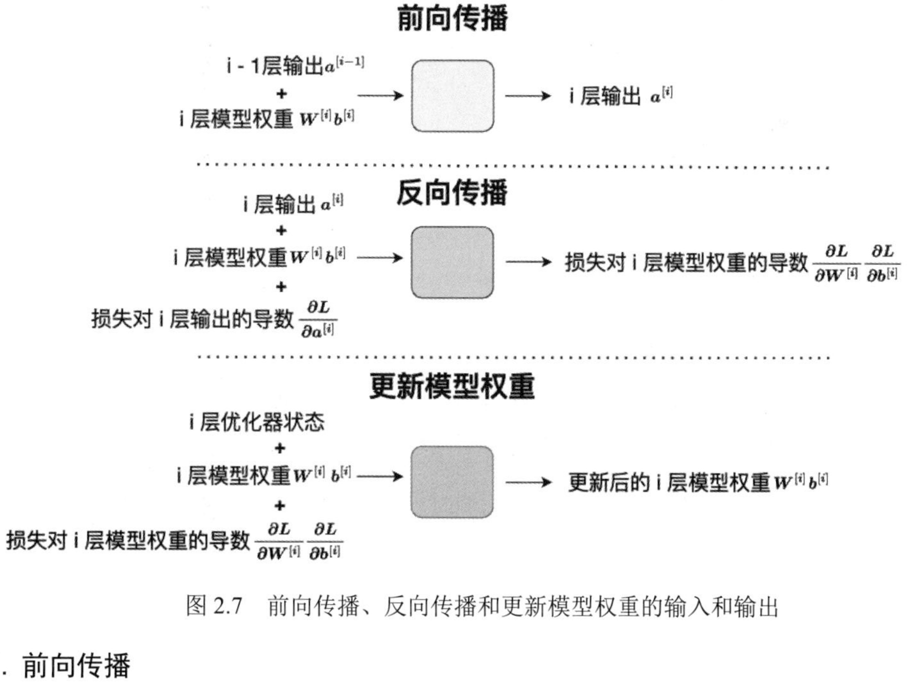

图 2.7　前向传播、反向传播和更新模型权重的输入和输出

1. 前向传播

- 输入：在前向传播过程中，输入有两部分：第 i-1 层的输出 $\boldsymbol{a}^{[i-1]}$和第i层的模型权重 $\boldsymbol{W}^{[i]}$以及偏置$\boldsymbol{b}^{[i]}$。

● 输出：又被称为激活（Activation），是权重与输入相乘之后，经过激活函数得到的结果。

2. 反向传播

● 输入：在反向传播过程中，输入有三部分：第 i 层的输出 $\boldsymbol{a}^{[i]}$、第 i 层的模型权重 $\boldsymbol{W}^{[i]}$ 和偏置 $\boldsymbol{b}^{[i]}$，以及损失函数 L 对第 i 层输出的导数 $\frac{\partial L}{\partial \boldsymbol{a}^{[i]}}$。

● 输出：根据链式法则，可以求出损失函数对第 i 层模型权重的导数 $\frac{\partial L}{\partial \boldsymbol{W}^{[i]}}$ 和 $\frac{\partial L}{\partial \boldsymbol{a}^{[i]}}$，也就是梯度。

3. 更新模型权重

得到梯度后，需要沿着梯度下降的方向更新模型权重。如果使用最简单的梯度下降法，优化器直接在模型原有权重基础上做减法，不需要额外保存状态，例如 $\boldsymbol{W}^{[i]} = \boldsymbol{W}^{[i]} - a\frac{\partial L}{\partial \boldsymbol{W}^{[i]}}$。

复杂一点的优化器，比如 Adam[4]，在梯度下降时引入了动量的概念。动量是梯度的指数移动平均，需要维护一个梯度的移动平均矩阵，这个矩阵就是优化器的状态。因此，优化器状态、原来的模型权重和梯度共同作为输入，可以得到更新后的模型权重。至此，才能完成一轮模型的训练。

对于一个神经网络，其训练过程如图 2.8 所示。图 2.8 演示了 3 层神经网络，前向过程用 FWD 表示，反向过程用 BWD 表示。

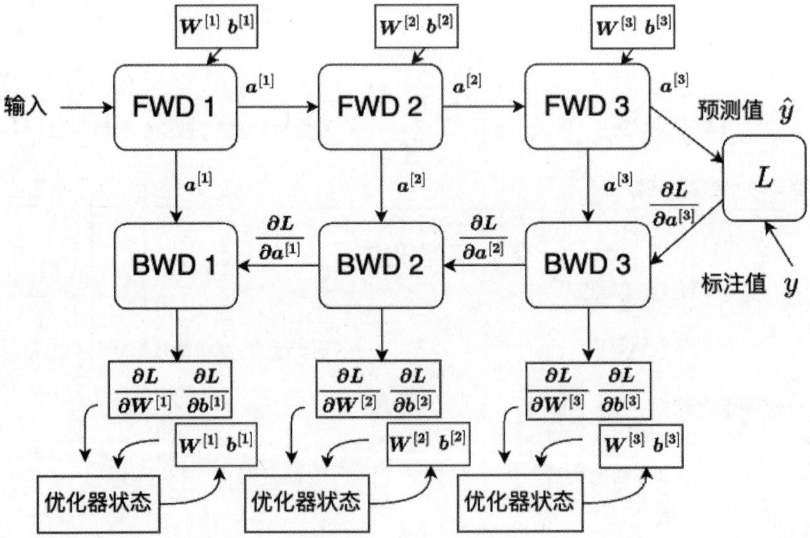

图 2.8 前向传播（图中用 FWD 表示）、反向传播（图中用 BWD 表示）和更新模型权重

2.3.6　推理

模型训练需要前向传播和反向传播，而模型推理只需要前向传播，只不过输入层换成了需要预测的 $\boldsymbol{x}$。

2.4　超参数调优

2.3 节中提到了模型的参数和超参数的概念。超参数指的是模型参数（权重）之外的其他参数，比如深度学习模型训练时控制梯度下降速度的学习率，以及在决策树中控制分支数量的参数。超参数通常可以分为以下两类：

- 模型：神经网络的设计，如网络的层数、卷积神经网络的核大小以及决策树的分支数量等。
- 训练和算法：学习率、批量大小等。

2.4.1　搜索算法

确定这些超参数的方式是开启多个试验（Trial），每个试验测试超参数的某个值，然后根据模型训练结果的表现来选择最优参数，这个过程称为超参数调优。寻找最优超参数的过程可以手动进行，但手动方法费时费力，效率低下，因此业界提出了一些自动化方法。常见的自动化搜索方法有网格搜索、随机搜索和自适应迭代式搜索。图 2.9 展示了在二维搜索空间中进行超参数搜索的情况，每个点代表一种超参数组合，颜色越暖表示性能越好。迭代式算法从初始点开始，后续试验依赖之前试验的结果，最终向性能较好的方向收敛。

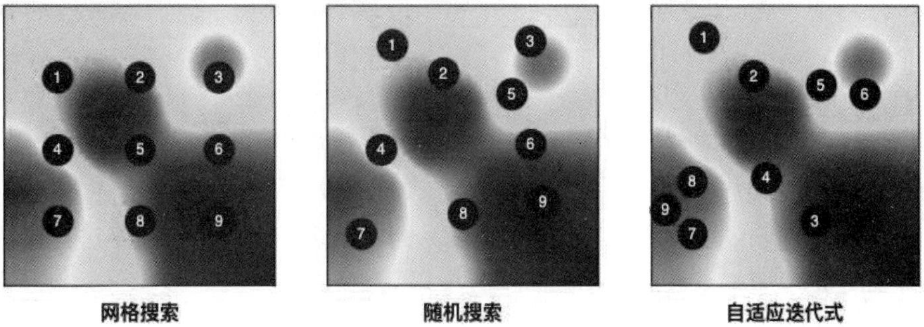

图 2.9　在二维搜索空间中进行超参数搜索

- 网格搜索（Grid Search）：网格搜索是一种穷举搜索方法，它通过遍历所有可能的超参数组合来寻找最优解，这些组合会逐一用于训练和评估模型。网格搜索简单直观，但当超参数空间非常大时，计算成本会急剧增加。
- 随机搜索（Random Search）：随机搜索不是遍历所有可能的组合，而是从解空间中随机选择超参数组合进行评估。这种方法的效率通常高于网格搜索，因为它不需要评估所有可能的组合，而是通过随机抽样来探索参数空间。随机搜索尤其适用于超参数空间非常大或维度很高的情况，它可以在较少的尝试中发现性能良好的超参数配置。然而，由于随机性的存在，随机搜索可能会错过一些局部最优解，因此可能需要更多的尝试次数以确保找到一个好的解。

- 自适应迭代式（Adaptive）：自适应迭代式超参数搜索技术中最知名的是贝叶斯优化（Bayesian Optimization）。贝叶斯优化基于贝叶斯定理，利用概率模型来指导搜索最优超参数。这种方法的核心思想是构建一个贝叶斯模型，通常是高斯过程（Gaussian Process），来近似评估目标函数的未知部分。贝叶斯优化能够在有限的评估次数内，智能地选择最有希望的超参数组合进行尝试，特别适用于计算成本高昂的场景。

超参数调优是一种黑盒优化过程。所谓黑盒优化，是指目标函数被视为一个黑盒，我们只能通过观察它的输入和输出来推断它的行为。虽然黑盒的概念可能有些难以理解，但可以与梯度下降算法进行比较。梯度下降算法不是一种黑盒优化算法，因为它能够获得目标函数的梯度（或其近似值），并利用这些梯度信息来指导搜索方向，从而找到目标函数的（局部）最优解。与此不同，黑盒优化算法通常无法获得目标函数的数学表达式或它的梯度，因此无法应用基于梯度的优化技术。

贝叶斯优化、遗传算法、模拟退火等都是常见的黑盒优化方法。这些算法在超参数的搜索空间中选择一些候选解，运行目标函数以评估这些超参数组合的实际性能。基于这些实际性能的反馈，算法会不断迭代调整超参数，重复上述过程，直至满足终止条件。

贝叶斯优化是一种基于贝叶斯定理的优化方法，这里不深入讨论其详细的数学公式。简而言之，贝叶斯优化首先需要在搜索空间中获取若干观测样本点的实际性能数据，以构建一个概率模型。该模型用于描述每个超参数在不同取值点上模型性能指标的均值和方差。其中，均值代表该点的期望效果，均值越大，表明模型在该点的性能指标越高；方差则表示该点的不确定性，方差越大，说明该点的不确定性越高，因此更值得进一步探索。

图 2.10 展示了一维超参数搜索空间中迭代三步的过程。虚线表示目标函数的真实值，而实线代表预测值（或称为后验概率分布的均值）。实线上下的蓝色区域表示置信区间。贝叶斯优化利用高斯过程回归，即认为目标函数是由一系列观测样本点构成的随机过程，并通过高斯概率模型来描述这一随机过程的概率分布。

贝叶斯优化通过持续收集新的观测样本点来更新目标函数的后验分布，直至该后验分布与真实分布基本吻合。如图 2.10 所示，在进行第三次迭代之前，仅有两个观测样本点。随着第三次和第四次迭代的进行，新增的观测样本点使得这些点附近的预测值逐渐逼近真实值。

贝叶斯优化有以下两个核心概念：

- 代理模型（Surrogate Model）：代理模型拟合观测值，预测实际性能，可以理解为图中的实线。

- 采集函数（Acquisition Function）：采集函数用于选择下一个采样点，它使用一些方法衡量每一个点对目标函数优化的贡献，可以理解为图中橘黄色的线。

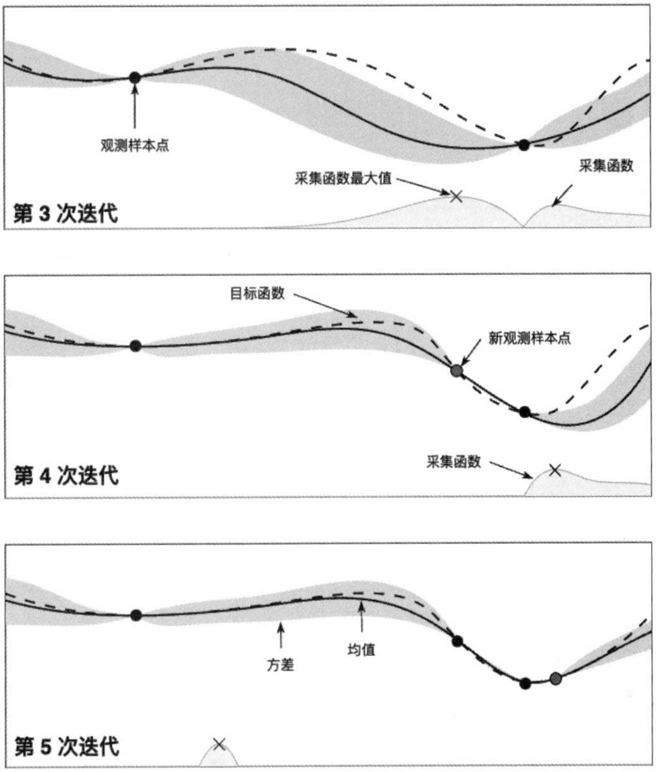

图 2.10　使用贝叶斯优化进行一些迭代后，如何选择下一个点（扫描图上的二维码查看彩图）

为防止陷入局部最优，采集函数在选取下一个取值点时，应该既考虑利用（Exploit）那些均值较大的，又探索（Explore）那些方差较大的点，即在利用和探索之间寻找平衡。例如，若模型训练非常耗时，有限的计算资源只能再运行 1 组超参数，则应该选择均值较大的点，因为这样能选到最优结果的可能性最高；如果计算资源允许运行上千次，则可以多探索不同的可能性。在图 2.10 的例子中，第 3 次迭代和第 2 次迭代都在第 2 次迭代的观测值附近选择新的点，体现了在探索和利用之间的平衡。

相比网格搜索和随机搜索，贝叶斯优化并不容易并行化，因为它需要先运行一些超参数组合，并获取相应的实际观测数据。

2.4.2　调度器

1. 连续减半算法

连续减半算法（Successive Halving Algorithm，SHA）[5]的核心思想非常简单，如图 2.11 所示。

（1）SHA 首先为每个超参数组合分配一定的计算资源。

（2）训练这些超参数组合并评估其结果。

（3）选出表现较好的超参数组合进入下一轮训练，而性能较差的超参数组合则提前终止。

（4）在下一轮中，每个超参数组合的计算资源根据一定策略予以增加，即增加计算资源额度。

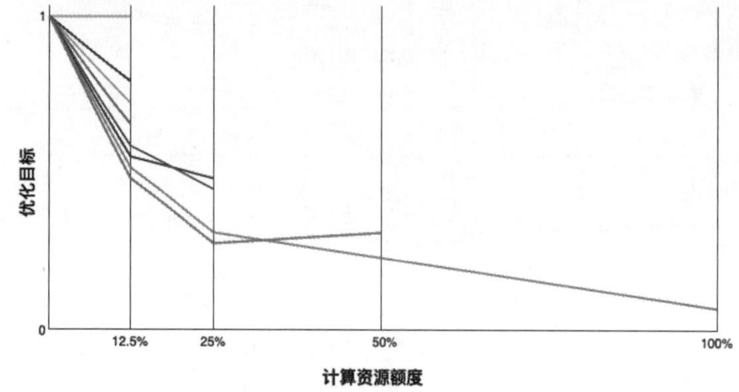

图 2.11　SHA 算法示意图：优化某指标的最小值

计算资源额度（Budget）可以是训练的迭代次数或训练样本数量等。更确切地说，在每轮 SHA 中，丢掉 $\frac{\eta-1}{\eta}$ 的超参数组合，留下 $\frac{1}{\eta}$ 的超参数组合进入下一轮，且每个超参数组合在下一轮中的计算资源额度增加为原来的 η 倍。

例如，在表 2.1 中，每轮总的计算资源为 B，且总共有 81 个超参数组合。第一轮中，每个试验能分配到 $\frac{B}{81}$ 的计算资源；假设 η 为 3，只有 $\frac{1}{3}$ 的试验能够进入下一轮。经过 5 轮后，最终会选拔出最优的超参数组合。

表 2.1　使用 SHA 算法，每个试验所能分配到的计算资源

训练轮数	超参数组合数量 n	每个试验所分配到的计算资源 B/n
Rung 1	81	$B/81$
Rung 2	27	$B/27$
Rung 3	9	$B/9$
Rung 4	3	$B/3$
Rung 5	1	B

在 SHA 中，需要等待同一轮中所有超参数组合训练完毕并评估出结果后，才能进入下一轮。在第一轮中，可以并行执行多个试验，但随着进入后续轮次，试验数量越来越少，并行度也随之降低。ASHA（Asynchronous Successive Halving Algorithm）对 SHA 进行了优化，ASHA 算法不需要等某一轮的训练和评估结束才选出下一轮入选者，而是在当前轮次进行的同时，动

态选出可以提升到下一轮的超参数组合。前一轮的训练评估与下一轮的训练评估是同步进行的。

SHA 和 ASHA 的一个主要假设是，如果一个试验在初期表现良好，那么它在更长的时间内也会表现良好。然而，这个假设显然不够严谨，一个反例是学习率：较大的学习率在短期内可能会比较小的学习率表现得更好，但从长期来看，较大的学习率不一定是最优的。SHA 调度器可能会误将较小的学习率的试验过早终止。为了避免潜在的优质试验被提前终止，需要在第一轮中为每个试验分配更多的计算资源。但由于总的计算资源额度（B）有限，因此一种折中方式是减少超参数组合的数量，即选择较小的 n 值。

2. HyperBand

SHA/ASHA 等算法面临着 n 和 $\frac{B}{n}$ 相互平衡的问题：如果 n 过大，每个试验所能分到的资源有限，可能导致优质试验过早终止；如果 n 过小，可选择的搜索空间变窄，又可能错过优质试验。HyperBand 算法在 SHA 的基础上提出了一种对冲机制。HyperBand 类似于金融投资组合，使用多种金融资产来对冲风险。它的初始轮次中 n 不是固定值，而是有多个可能的 n 值。

如图 2.12 所示，HyperBand 算法实现中使用了两层循环。内层循环直接调用 SHA 算法，外层循环尝试不同的 n 值，每种可能的 n 对应一个 s。HyperBand 额外引入了变量 R，表示某个超参数组合所能分配的最大计算资源额度，$s_{\max}$ 代表所有可能的情况，可以通过以下公式计算：$\lfloor \log_{\eta} R \rfloor$；由于引入了 R，此时总的计算资源 $B=(s_{\max}+1)R$，其中加 1 是因为 s 从 0 开始计算。

Algorithm 1: HYPERBAND algorithm for hyperparameter optimization.

input : R, η (default $\eta = 3$)
initialization: $s_{\max} = \lfloor \log_{\eta}(R) \rfloor$, $B = (s_{\max}+1)R$
for $s \in \{s_{\max}, s_{\max}-1, \ldots, 0\}$ **do**
　$n = \lceil \frac{B}{R} \frac{\eta^s}{(s+1)} \rceil$,　$r = R\eta^{-s}$
　// begin SUCCESSIVEHALVING with (n, r) inner loop
　T = get_hyperparameter_configuration(n)
　for $i \in \{0, \ldots, s\}$ **do**
　　$n_i = \lfloor n\eta^{-i} \rfloor$
　　$r_i = r\eta^{i}$
　　$L = \{$run_then_return_val_loss$(t, r_i) : t \in T\}$
　　T = top_k$(T, L, \lfloor n_i/\eta \rfloor)$
　end
end
return *Configuration with the smallest intermediate loss seen so far.*

图 2.12　HyperBand 算法

图 2.13 展示了一个例子：横轴表示外层循环，共有 5 种可能性（0~4）。初始的超参数组合数量 n 和每个超参数组合可获得的计算资源 n 共同构成一个组合（Bracket）。纵轴表示内层循环，对于某一初始的 Bracket，执行 SHA 算法，并持续迭代直到选出最优的试验。

3. BOHB

BOHB[6]（Bayesian Optimization and Hyperband）是一种结合了贝叶斯优化和 HyperBand 算法的高效调度器。

外层循环 →

内层循环 ↓

	$s=4$		$s=3$		$s=2$		$s=1$		$s=0$	
i	n_i	r_i	n_i	r_i	n_i	r_i	n_i	r_i	n_i	r_i
0	81	1	27	3	9	9	6	27	5	81
1	27	3	9	9	3	27	2	81		
2	9	9	3	27	1	81				
3	3	27	1	81						
4	1	81								

图 2.13　HyperBand 示意图

2.4.3　种群训练

种群训练（Population Based Training，PBT）[7] 主要用于深度神经网络的训练，它借鉴了遗传算法的思想，可以同时优化模型参数和超参数。在 PBT 中，“种群”可以简单理解为不同的试验，PBT 并行启动多个试验，每个试验从超参数搜索空间中随机选择一个超参数组合，并随机初始化参数矩阵。在训练过程中会定期地评估模型指标。基于模型性能指标，PBT 会利用或探索当前试验的模型参数或超参数，如图 2.14 所示。如果当前试验的模型指标表现不理想，PBT 会执行“利用”，即把当前模型的权重替换为种群中其他表现较好的参数权重。同时，PBT 也会通过“探索”操作，生成新的超参数变异于后续训练。

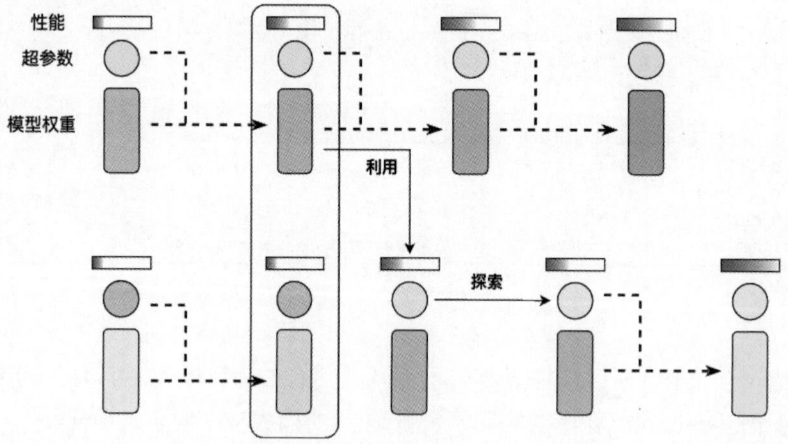

图 2.14　PBT 训练中的利用和探索

与其他超参数调优方法不同，在一次完整的训练过程中，其他方法通常使用一个固定的超参数组合完成整个训练；而 PBT 在训练过程中借鉴效果更好的模型权重，或引入新的超参数。因此，PBT 被认为能够同时优化模型参数和超参数。

当某个模型的性能表现未达到预期时，可以考虑替换当前模型的参数权重，采用那些表现更佳的参数权重。同时，为了进一步探索和优化模型，还可以通过调整超参数进行变异，以生成新的超参数组合。

2.5 软件生态与本书内容

2.5.1 Python 软件生态

Python 已经成为数据科学的首选编程语言。图 2.15 展示了一些主流的数据科学工具：

- NumPy 和 Pandas 用于科学计算和数据处理。
- PyTorch 和 TensorFlow 可用于实现神经网络训练和推理。
- Scikit-learn、XGBoost、LightGBM 等库可用于实现常见的机器学习算法。

图 2.15　Python 数据科学软件生态

2.5.2 本书内容

本书假定读者已经对数据科学有一定了解，并且使用过 Pandas、XGBoost、PyTorch 等 Python 数据科学工具，且希望通过使用更多工具来加速数据科学的工作流程。如果对数据科学不熟悉，推荐阅读以下书籍：

- Pandas 项目发起人 WesMcKinney 撰写的《利用 Python 进行数据分析》[8]，这是一本优秀的数据科学入门书籍，也是 Pandas 框架的入门书籍。

- 周志华教授的《机器学习》[9]是机器学习理论的入门教材，是了解绝大多数机器学习算法的必备书籍。
- 亚马逊公司的科学家阿斯顿·张、李沐等撰写的《动手学深度学习》[10]，深入浅出地讲解了从算法原理到编程实践的常见人工智能算法及其应用，是深度学习入门的最佳实战书籍之一。

Dask、Ray、Xorbits 和 mpi4py 是数据科学生态的扩展工具，它们可以将单机任务扩展到集群。表 2.2 概括了这些框架在数据科学生命周期中的相关组件。

表 2.2 数据科学生命周期与框架组件

生命周期	框架组件
数据处理	Dask DataFrame、Dask Array、Ray Data、Modin、Xorbits Data
模型训练	Dask-ML、Ray Train、RLib、mpi4py
超参数调优	Dask-ML、Ray Tune
模型部署	Ray Serve、Xinference

2.5.3 本书案例

本书提供了大量实战案例，所有案例均可复现。读者可下载本书提供的电子资料，在本地或集群上安装部署相关软件，并通过 Jupyter Notebook 运行这些案例。

在数据集方面，本书使用了出租车、飞机起降等数据集，这些数据集在本书多处使用。为方便读者在运行案例时自动下载并解压缩数据集，本书将数据集加载代码封装成了函数，存放在 utils.py 文件中。例如，出租车数据集的函数为 nyc_taxi，飞机起降数据集的加载函数为 nyc_flights，自行车轨迹数据集的加载函数为 citi_bike。

第 3 章

Dask

Dask 是一个面向 Python 的并行计算框架，可以将计算任务扩展到多核和集群。本章将通过几个案例帮助读者理解 Dask 的基本原理。

3.1 Dask 简介

Dask 是一个面向 Python 的并行计算框架，可以将计算任务扩展到多核和集群。它提供了两类 API：高层的 DataFrame 和 Array 模拟了 Pandas 和 NumPy 的 API，开箱即用；底层的基于计算图的 API 则可以与多个 Python 包结合使用。基于这两类 API，Dask 已经形成了一套生态系统，用以应对越来越大的数据量和各种数据科学任务。

Dask 的核心思想是构建任务计算图（Task Graph），将一个大计算任务分解为多个子任务（Task），每个任务调用单机的 Python 包（如 Pandas 和 NumPy）作为执行后端。

图 3.1 展示了 Dask API 和 Task Graph（任务计算图）最终调度到计算设备的示意图。

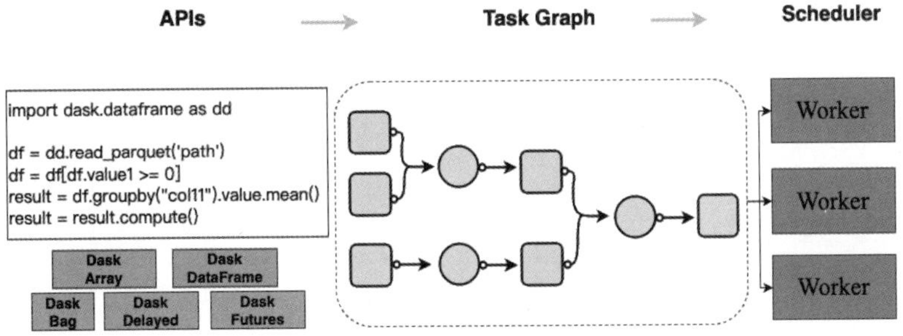

图 3.1　Dask 架构图

> **提　示**
>
> Dask 是一个面向大数据的并行计算框架，但 Dask 官方给用户的建议是：如果数据可以放入单机内存，则优先使用传统的单机 Python 包。因为并不是所有的计算任务都能轻易实现并行化，有些任务在并行化后性能反而会下降。

安装 Dask 也非常简单，使用 pip 或 conda 命令安装所需的包即可：

```
pip install dask[complete]
```

安装完成后，我们可以在单机的多个核心上运行 Dask。本书首先介绍单机场景，多机场景只需修改调度器（Scheduler）即可。

3.2　Dask DataFrame 快速入门

我们先使用 Dask DataFrame 演示如何通过 Dask 并行化 Pandas DataFrame。

3.2.1　创建 Dask DataFrame

使用 Dask 内置方法创建一个名为 ddf 的 DataFrame。这是一个随机生成的时间序列数据，每个数据样本代表一秒钟，总共包含 4 天的数据（2024-01-01 0:00~2024-01-05 0:00）。

```
Import dask

ddf = dask.datasets.timeseries(start="2024-01-01",
    end="2024-01-05")
ddf
```

运行结果如图 3.2 所示。

Dask DataFrame Structure:

	name	id	x	y
npartitions=4				
2024-01-01	string	int64	float64	float64
2024-01-02	...	...	...	...
2024-01-03	...	...	...	...
2024-01-04	...	...	...	...
2024-01-05	...	...	...	...

Dask Name: to_pyarrow_string, 2 graph layers

图 3.2　运行结果 1

Pandas 中的所有操作都是立即（Eager）执行的。而 Dask 是延迟（Lazy）执行的，此时数据尚未开始计算，因此都用省略号“...”表示。

虽然 ddf 的数据尚未被计算，但 Dask 已经获取了数据的列名和数据类型。可以通过 dtypes 查看列的信息：

```
ddf.dtypes
```

运行结果如图 3.3 所示。

```
name    string[pyarrow]
id               int64
x              float64
y              float64
dtype: object
```

图 3.3 运行结果 2

3.2.2 执行计算

如果想计算并得到结果，必须使用 compute()手动触发计算。

```
ddf.compute()
```

运行结果如图 3.4 所示。

	name	id	x	y
timestamp				
2024-01-01 00:00:00	Zelda	988	-0.873067	0.157726
2024-01-01 00:00:01	Oliver	978	0.261735	0.516558
2024-01-01 00:00:02	Victor	985	0.510027	-0.259912
2024-01-01 00:00:03	Yvonne	999	-0.488090	0.463293
2024-01-01 00:00:04	Hannah	978	-0.879385	0.886313
...	...	...	...	...
2024-01-04 23:59:55	Xavier	995	0.650247	-0.699778
2024-01-04 23:59:56	Michael	1027	-0.850668	0.867499
2024-01-04 23:59:57	Ursula	969	0.032713	0.125985

图 3.4 运行结果 3

Dask DataFrame 有一个重要的内置变量 npartitions，它表示数据被切分成多少份，或者说一共有多少个分区(Partition)。如图 3.5 所示，Dask DataFrame 由多个 Pandas DataFrame 组成，每个 Pandas DataFrame 被称为一个分区。

```
ddf.npartitions
```

运行结果如图 3.6 所示。

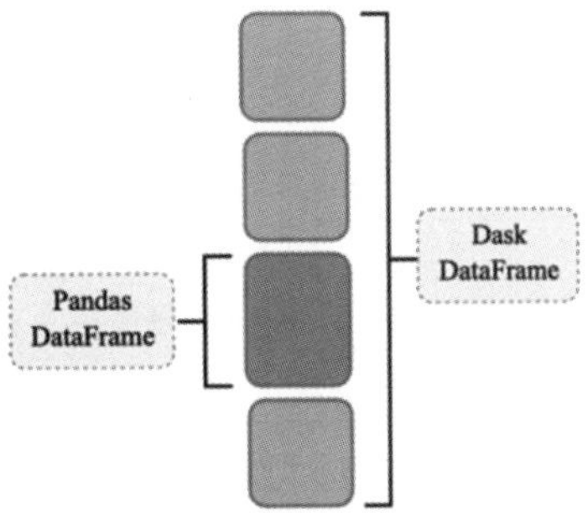

图 3.5 由多个 Pandas DataFrame 组成的 Dask DataFrame

```
4
```

图 3.6　运行结果 4

每个分区都有上界和下界。在这个例子中，ddf 是根据时间列进行切分的，每天的数据构成一个分区。内置变量 divisions 存放每个分区的分界线：

```
ddf.divisions
```

运行结果如图 3.7 所示。

```
(Timestamp('2024-01-01 00:00:00'),
 Timestamp('2024-01-02 00:00:00'),
 Timestamp('2024-01-03 00:00:00'),
 Timestamp('2024-01-04 00:00:00'),
 Timestamp('2024-01-05 00:00:00'))
```

图 3.7　运行结果 5

3.2.3　索引

提　示

Pandas DataFrame 中有一列专门用于存放索引（Index），索引可以是数字（例如行号）或时间。索引列通常只用于索引，不作为数据字段，因此在 ddf.dtypes 中看不到索引列。

本例中，ddf 的索引是时间。每个分区基于索引列进行切分。整个 ddf 包含 4 天的数据，每个分区包含一天的数据。

现在我们选择 2024-01-01 0:00~2024-01-02 5:00 的数据，这个时间范围横跨了两天，即两个分区。可以使用以下命令进行选择：

```
Ddf["2024-01-01 0:00": "2024-01-02 5:00"]
```

运行结果如图 3.8 所示。

Dask DataFrame Structure:

	name	id	x	y
npartitions=2				
2024-01-01 00:00:00.000000000	string	int64	float64	float64
2024-01-02 00:00:00.000000000	...	...	...	...
2024-01-02 05:00:59.999999999	...	...	...	...

Dask Name: loc, 3 graph layers

图 3.8　运行结果 6

仍然需要使用 compute()来触发计算，得到结果：

```
ddf["2024-01-01 0:00": "2024-01-02 5:00"].compute()
```

运行结果如图 3.9 所示。

timestamp	name	id	x	y
2024-01-01 00:00:00	Zelda	988	-0.873067	0.157726
2024-01-01 00:00:01	Oliver	978	0.261735	0.516558
2024-01-01 00:00:02	Victor	985	0.510027	-0.259912
2024-01-01 00:00:03	Yvonne	999	-0.488090	0.463293
2024-01-01 00:00:04	Hannah	978	-0.879385	0.886313
...	...	...	...	...
2024-01-02 05:00:55	Bob	1029	0.218520	0.462808
2024-01-02 05:00:56	Alice	1005	0.722850	0.067173
2024-01-02 05:00:57	Tim	990	-0.343179	-0.812177
2024-01-02 05:00:58	Patricia	999	0.995964	-0.669022
2024-01-02 05:00:59	Jerry	1089	-0.925839	0.004172

104460 rows × 4 columns

图 3.9　运行结果 7

3.2.4　Pandas 兼容

Dask DataFrame 的大部分操作与 Pandas 几乎一致，我们可以像使用 Pandas 那样使用 Dask DataFrame。例如，可以进行数据过滤和分组操作（groupby）：

```
ddf2 = ddf[ddf.y > 0]
ddf3 = ddf2.groupby("name").x.std()
ddf3
```

运行结果如图 3.10 所示。

```
Dask Series Structure:
npartitions=1
    float64
        ...
Name: x, dtype: float64
Dask Name: sqrt, 10 graph layers
```

图 3.10　运行结果 8

现在的结果仍然用省略号（…）表示，因为计算是延迟执行的，需要调用 compute()来触发实际计算：

```
Computed_ddf = ddf3.compute()
computed_ddf
```

运行结果如图 3.11 所示。

```
name
Alice       0.570873
Bob         0.574338
Charlie     0.577622
Dan         0.578480
Edith       0.579528
Frank       0.576647
George      0.576759
Hannah      0.580472
Ingrid      0.579585
Jerry       0.577015
Kevin       0.574981
Laura       0.578379
Michael     0.574430
Norbert     0.575075
Oliver      0.577198
Patricia    0.579569
Quinn       0.573159
Ray         0.577756
Sarah       0.573136
Tim         0.574545
Ursula      0.580282
Victor      0.578231
Wendy       0.576533
Xavier      0.578146
Yvonne      0.576635
Zelda       0.570968
Name: x, dtype: float64
```

图 3.11　运行结果 9

3.2.5　计算图

至此，我们已经了解到 Dask DataFrame 会将大数据切分成分区，并且采用延迟执行的方式。在 Dask 构建了 Task Graph，分别对每个分区进行计算。

执行 compute()之前，Dask 会构建一个任务计算图（Task Graph），并使用 visualize()函数可视化任务计算图（Task Graph）：

```
Ddf3.visualize(filename="../img/ch-dask/visualize-task-graph",
format="svg")
```

在计算图中，圆圈表示计算任务，长方形表示数据对象。对于 Dask DataFrame 来说，长方形代表的是 Pandas DataFrame，如图 3.12 所示。

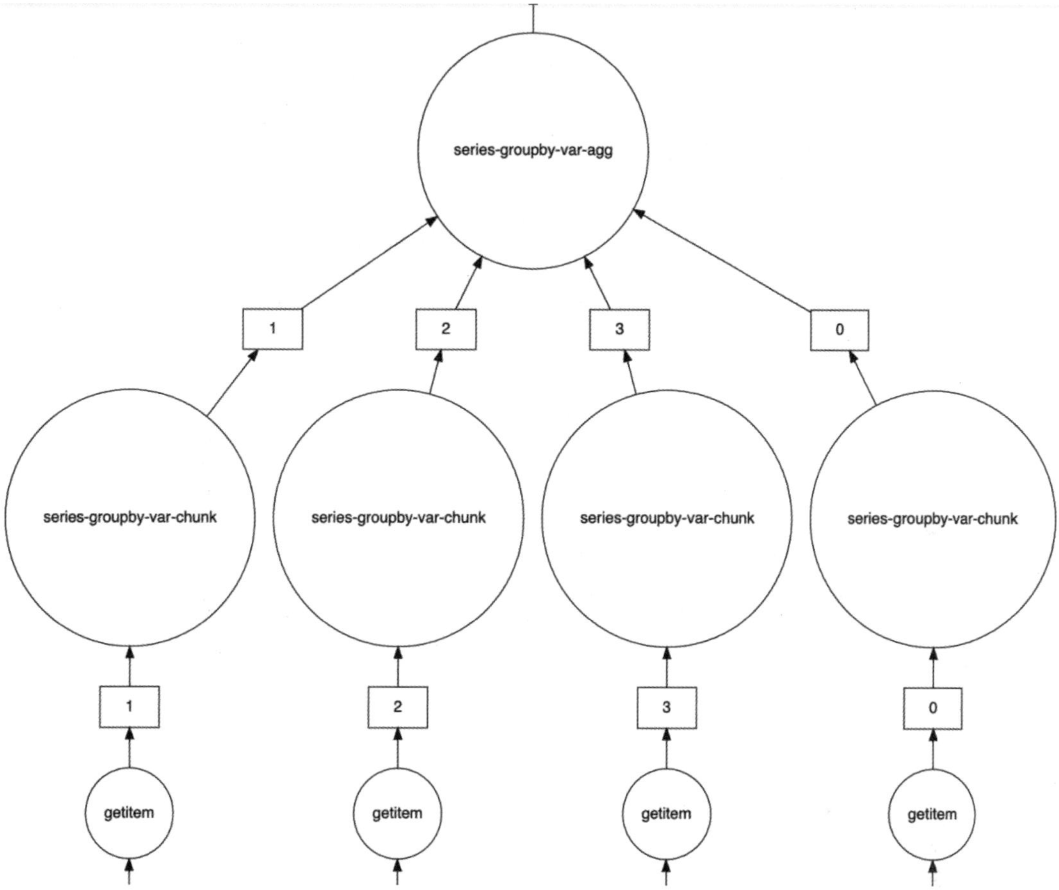

图 3.12 计算图

3.3 将 Dask 扩展到集群

刚刚的任务都是在单机场景下使用 Dask。Dask.distributed 可以帮助我们把 Dask 任务扩展到多台计算节点上。

3.3.1 Dask 集群

如图 3.13 所示，一个 Dask 集群必须包含一个调度器（Scheduler）和多个工作节点（Worker）。用户通过客户端（Client）向调度器提交计算任务，调度器对任务进行分析，生成任务计算图（Task Graph），并将任务（Task）分发到多个 Worker 节点上。每个 Worker 承担一小部分计算任务，Worker 之间也需要互相通信，比如计算结果的归集等。

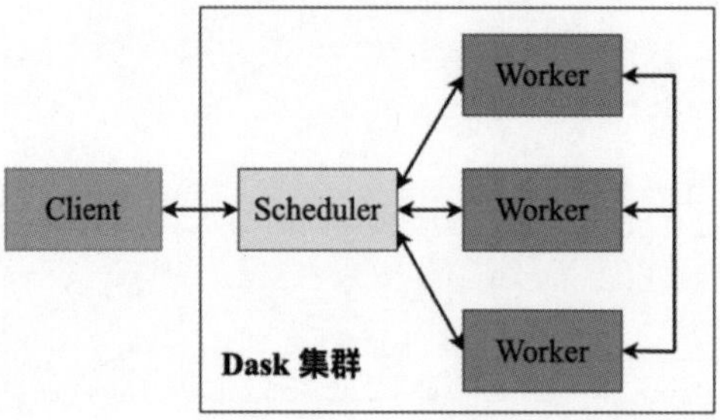

图 3.13　Dask Distributed

Scheduler 和 Worker 共同组成了一个 Dask 集群。

3.3.2　LocalCluster

在默认情况下（不进行任何额外的设置），Dask 会启动一个本地的集群 LocalCluster，并使用客户端 Client 连接这个集群。

```
From dask.distributed import LocalCluster, Client

cluster = LocalCluster()
cluster
```

运行结果如图 3.14 所示。

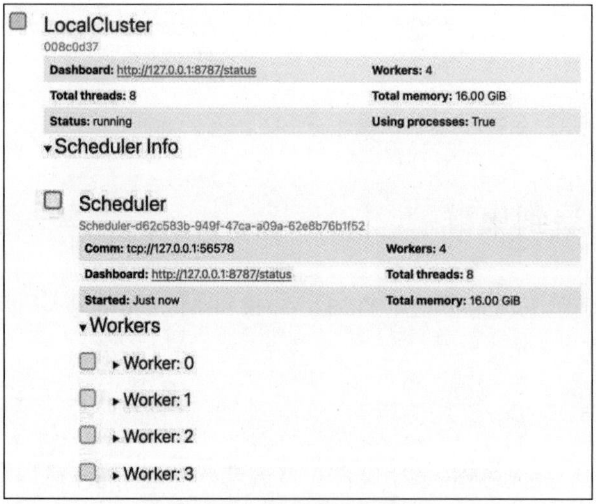

图 3.14　运行结果 10

Dask 会探测到本地资源情况，比如本地有 4 个 CPU 核心和 16GB 内存，并据此创建一个 LocalCluster。这个 LocalCluster 包含 4 个 Worker，每个 Worker 对应一个 CPU 核心。

Dask 同时提供了仪表盘（Dashboard）链接，可以在网页中查看集群和作业的具体信息。

使用 Client 连接这个 LocalCluster 后，所有 Dask 的计算任务将提交到这个 LocalCluster 集群上：

```
client = Client(cluster)
```

3.3.3 使用命令行启动一个 Dask 集群

1. 启动 Dask 集群

当我们有更多计算节点时，可以使用命令行在不同的计算节点上启动 Dask Scheduler 和 Dask Worker。例如，在 IP 地址为 192.0.0.1 的计算节点上启动 Dask Scheduler，在命令行中输入以下的命令：

```
# 当前节点为 192.0.0.1
$ dask scheduler
```

Dask 将日志信息打印出来，其中 Dask Scheduler 的 IP 和端口号为 tcp://192.0.0.1:8786。

```
Scheduler at:   tcp://192.0.0.1:8786
dashboard at: ...
```

在其他计算节点上启动 Worker，这些 Worker 需要连接到刚刚启动的 Scheduler。使用 dask worker 命令，并在其后添加刚刚得到的 Dask Scheduler 的 IP 地址和端口号。例如，在 192.0.0.2 上启动 Dask Worker：

```
# 当前节点为 192.0.0.2
$ dask worker tcp://192.0.0.1:8786
```

日志信息显示，Dask 启动了 Worker，并成功连接到 Scheduler：

```
Start worker at:  tcp://192.0.0.2:40483
Registered to:    tcp://192.0.0.1:8786
```

Dask Scheduler 默认使用 8786 作为连接端口号，如果需要使用其他端口号，可以通过--port 参数来指定：

```
$ dask scheduler --port 9786
```

除了--port 参数外，Dask Scheduler 还有许多其他参数，用户可以根据自身需要进行设置。

2. 连接 Dask 集群

假如 Dask Scheduler 启动后返回的地址为 192.0.0.1:8786，可以使用下面的代码连接到这个集群，Dask Array 和 Dask DataFrame 的.compute()操作将会自动调度到这个集群上。

```
From dask.distributed import Client
```

```
client = Client("192.0.0.1:8786")
```

3.3.4 Python 环境和依赖包管理

在集群上使用 Dask 时，所有计算节点都需要安装所需的 Python 依赖包。

可以使用 distributed.diagnostics.plugin.PipInstall 在运行时给每个 Worker 安装依赖包。pipInstall 的 packages 参数接收一个列表，列表内容为依赖包的名字，它会像 pip install 那样安装这些依赖包。安装过程发生在程序真正开始前，可能会消耗一定时间，因此这种方式更适合在原型测试阶段使用，此时尚不确定需要哪些包或不需要哪些包。

```
From dask.distributed import PipInstall
plugin = PipInstall(packages=["Scikit-learn"], pip_options=["—upgrade"])
client.register_plugin(plugin)
```

一旦最终确定了所需的依赖包，建议使用以下方式来管理集群上的 Python 和各个依赖包。

- 所有计算节点安装相同版本的软件：例如，使用 conda 或 pip 在每个 Dask Worker 上相同的目录下安装 Python 和依赖包。
- 所有计算节点挂载共享文件系统：将 Python 等软件环境安装到共享文件系统中，所有 Dask Worker 都会看到相同的目录和内容。常见的共享文件系统包括网络文件系统（Network File System，NFS）。
- 使用容器：将 Python 及其依赖包打包到容器中，并在集群上分发容器，每个计算节点启动相同的容器。

3.3.5 SSH、Kubernetes 和高性能计算集群

Dask 集群本质上由 Dask Scheduler 和一系列 Dask Worker 组成，其他各类具体部署场景大同小异。Dask 针对不同部署场景提供了封装好的库，用户无须像之前那样分别登录不同节点，依次启动 Dask Scheduler 和 Dask Worker。以下是三种类型的部署方式：SSH、Kubernetes 和高性能计算集群。

1. SSH

只要知道每台计算节点的 IP 地址或主机名（Hostname），就可以在 Python 代码或命令行中启动 Dask 集群。Dask.distributed.SSHCluster 基于 asyncssh 包进行了封装，它通过 SSH 登录每个计算节点，然后在该节点启动 Dask Scheduler 或 Dask Worker。

提　示

如果你在个人计算机上操作 SSHCluster，即个人计算机是 Client，而各个计算节点组成集群，应该将个人计算机与各个计算节点之间设置为免密码登录。确切地说，各个计算节点的 authorized_keys 文件中应存储个人计算机的公钥。

可以使用 Python 代码启动这个 Dask 集群：

```
from dask.distributed import Client, SSHCluster
cluster = SSHCluster(
    hosts=["localhost", "node1", "node2"],
    connect_options={
        "username": "xxx",
        "password": "yyy",
        }
)
client = Client(cluster)
```

hosts 是启动 Dask 的主机列表，列表中的第一个节点将启动 Dask Scheduler，其余节点将启动 Dask Worker。connect_options 是一些用于 SSH 登录的参数，如用户名（username）、密码（password）、端口号（port）。这些参数以{"key":"value"}的形式传递给 Dask。

```
From dask.distributed import Client, SSHCluster
cluster = SSHCluster(
    hosts=["localhost", "node1 中文", "node2"],
    connect_options={
        "username": "xxx",
        "password": "yyy",
        }
)
client = Client(cluster)
```

2. Kubernetes

Kubernetes 已经成为云资源管理的事实标准。使用 Kubernetes 安装软件最简单的方式是使用 Helm。Dask 封装了 dask-kubernetes，并提供了 KubeCluster 和 HelmCluster 两个类。

3. 高性能计算集群

高性能计算（High-Performance Computing）集群通常使用 Slurm 等调度软件。Dask 为高性能集群封装了 dask-jobqueue，兼容包括 Slurm 在内的调度软件。

例如，使用 SLURMCluster 向 Slurm 的 CPU 队列申请 10 个节点用于运行 Dask Worker，每个节点配置的资源为 32 核心和 128GB 内存。Scale()方法会向 Slurm 申请 10 个计算节点。

```
From dask.distributed import Client
from dask_jobqueue import SLURMCluster


cluster = SLURMCluster(cores=32,
                       memory="128GB",
                       queue="cpu")
```

```
cluster.scale(n=10)
client = Client(cluster)
```

相比于云上资源，高性能计算集群除了配备常见的以太网外，还配备了高带宽和低延迟的 RDMA 网络（比如 InfiniBand）。RDMA 网络可以加速许多对网络要求较高的任务。如果想充分利用 RDMA 网络，可以在 SLURMCluster 的 interface 参数中指定网卡接口。网卡接口可以在命令行中的 ifconfig 查看，例如 InfiniBand 网卡一般显示为 ib0，以太网一般显示为 eth0。不同计算节点的网卡命名可能不同。如果不设置 interface，Dask 默认使用以太网。

3.3.6　自动缩放

前面介绍的 Kubernetes 和高性能计算集群（例如 Slurm）均支持自动缩放（Auto-Scaling 或 Adaptive Scaling），因为它们本身是集群调度管理软件，管理着大量计算资源，不同的应用向它们请求资源。Dask 构建在 Kubernetes 或 Slurm 上，相当于在 Kubernetes 或 Slurm 管理的计算资源上申请一个子集。在 Kubernetes 或 Slurm 上，我们可以使用 Dask 的自动缩放技术自动增加或减少 Dask 所需的计算资源。自动缩放主要考虑以下场景：

- 用户当前作业对计算资源要求很高，需要更多资源来满足计算需求。
- 用户当前作业所申请的计算资源闲置，这些资源可被其他用户使用。尤其是当用户进行交互式数据可视化而非大规模计算时。

KubeCluster 和 SLURMCluster 都提供了 adapt()方法。以下示例展示了如何在 0~10 个 Worker 之间动态缩放。自动缩放根据 Dask Scheduler 上作业的负载来决定运行多少个 Dask Worker。Dask 收集一些信息，比如每个 Dask Worker 上的已用内存和可用内存，并根据这些信息自适应地调整计算资源数量。

```
From dask_kubernetes import KubeCluster

cluster = KubeCluster()
cluster.adapt(minimum=0, maximum=10)
```

3.3.7　Dask Nanny

Dask 在启动集群时，除了启动 Dask Scheduler 和 Dask Worker 外，还启动了一个名为 Dask Nanny 的监控服务。Nanny 在英文中意为“保姆”，Dask Nanny 正是扮演着这样的角色，它监控着 Dask Worker 的 CPU 和内存使用情况，避免 Dask Worker 超出资源上限。Dask Worker 宕机时，Dask Nanny 负责重启 Dask Worker。如果某个 Dask Worker 被 Dask Nanny 重启了，该 Dask Worker 上的计算任务将被重新执行，其他 Dask Worker 保留当时的状态和数据，并一直等待该 Dask Worker 恢复到刚刚宕机的时间点。这可能会给其他 Dask Worker 增加很多负担。如果 Dask Worker 频繁重启，可能需要考虑使用 rechunk()或 repartition()调整分区的数据大小。

3.4 GPU

GPU 以及其他异构计算加速器被广泛用于加速深度学习，Dask 社区联合 NVIDIA 提供了基于 GPU 的数据科学工具包，以加速各类任务。

3.4.1 Dask GPU 集群

Dask-CUDA 对 dask.distributed 进行扩展，可以识别和管理 GPU 设备。

在使用这些 GPU 设备之前，需要先通过 pip install dask_cuda 命令安装 Dask-CUDA。类似于 3.3 节提到的 dask.distributed，Dask-CUDA 提供了一个单机的 LocalCUDACluster。LocalCUDACluster 会自动发现并注册该计算节点上的所有 GPU 设备，并且每张 GPU 卡会自动分配一定数量的 CPU 核心。例如，在笔者的计算机环境中，有 4 张 GPU 卡，启动一个单机 Dask 集群，会自动启动 4 个 Dask Worker，每个 Worker 分配一张 GPU 卡。

```
From dask_cuda import LocalCUDACluster
from dask.distributed import Client

cluster = LocalCUDACluster()
client = Client(cluster)
client
```

运行结果如图 3.15 所示。

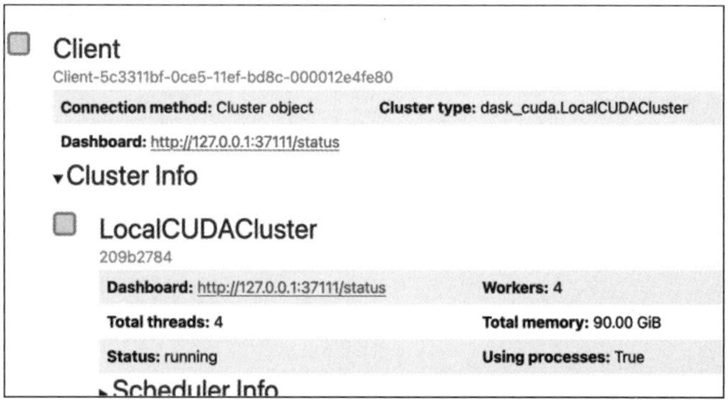

图 3.15　运行结果 11

我们也可以启动一个 Dask GPU 集群，先启动 Dask Scheduler：

```
dask scheduler
```

然后在每个 GPU 节点上启动支持 GPU 的 Worker，以构成一个 Dask GPU 集群。

```
Dask cuda worker tcp://scheduler:8786
```

```
client = Client("10.0.0.3:8786")
client
```

提　示

Dask-CUDA 只能发现并注册这些 GPU，但无法实现 GPU 的隔离，其他非 Dask 的任务仍然可以抢占 GPU。GPU 资源的隔离通常需要借助 Kubernetes 等容器技术。

3.4.2　GPU 任务

并不是所有任务都能被 GPU 加速，GPU 主要加速一些计算密集型任务，例如机器学习和深度学习等。目前，Dask 支持在 GPU 上运行的框架包括：

- CuPy 的 Dask 分布式版本。
- Dask-cuDF 将 GPU 加速版的 cuDF 横向扩展到 GPU 集群上。

提　示

使用 NVIDIA GPU 的各类库时，应该将 CUDA 目录添加到 PATH 和 LD_LIBRARY_PATH 环境变量中，CuPy 和 cuDF 需要依赖所安装的动态链接库。

案例：奇异值分解

下面的代码实现了在 GPU 上进行奇异值分解，这是一种适合 GPU 加速的任务。设置 dask.config.set({"array.backend":"cupy"})即可将 Dask Array 的执行后端改为 GPU 上的 CuPy。

```
Import cupy
import dask
import dask.array as da

dask.config.set({"array.backend": "cupy"})
rs = dask.array.random.RandomState(RandomState=cupy.random.RandomState)
x = rs.random((10000, 1000), chunks=(1000, 1000))
u, s, v = dask.array.linalg.svd(x)
```

3.5　Task Graph 与数据切分

3.2 节最后对 Dask DataFrame 的 Task Graph（计算图或任务图）进行了可视化。本节将介绍 Dask 的 Task Graph 和数据切分机制。

3.5.1　Task Graph

和许多大数据计算框架一样，Dask 的计算图是有向无环图（Directed Acyclic Graph，DAG），

Dask 称之为 Task Graph，可以通过.visualize()方法将 Task Graph 可视化。Task Graph 的本质是将众多小的计算任务（Task）组织起来，每个 Task 在单个 Worker 上执行计算。

例如，在下面的例子中，有两类 Task：data(i)接收输入数据；add(x,y)对两个输入 x 和 y 进行加法运算。

```
Import dask.delayed as delayed

def data(i):
    return i

def add(x, y):
    return x + y

x = delayed(data)(1)
y = delayed(data)(2)
z = delayed(add)(x, y)

z.visualize(filename='../img/ch-dask/visualize.svg')
```

运行结果如图 3.16 所示。

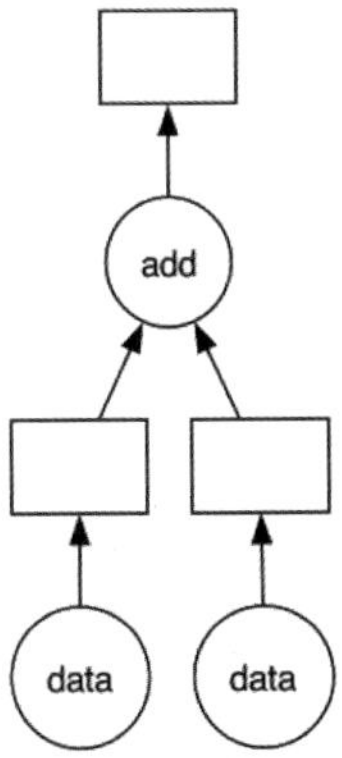

图 3.16　运行结果 12

```
z = z.compute()
print(z)
```

运行结果如图 3.17 所示。

```
3
```

图 3.17　运行结果 13

在这个例子中，Dask Task Graph 共有三个 Task（任务），实现了数据输入和加法计算。Dask 的设计思想是将复杂的并行计算切分成多个 Task，每个 Task 是一个 Python 函数。在.visualize()可视化的 Task Graph 中，圆圈表示函数，方框表示数据占位符。Dask Scheduler 会生成 Task Graph，并将 Task Graph 中的各个计算任务分发到 Dask Worker 上。

值得注意的是，在将多个 Task 组合在一起时，我们使用了 dask.delayed，dask.delayed 是一个偏底层的接口，允许用户手动构建计算图。如果用户需要自定义某些任务，可以使用 dask.delayed 这个装饰器，例如：

```
@dask.delayed
def f(x):
    x = x + 1
    return x
```

应使用 dask.delayed(f)(x,y)，而非 dask.delayed(f(x,y))，因为 dask.delayed 修饰的是 Python 函数，而不是函数的输出结果。经过 dask.delayed 修饰的 Python 函数将成为 Task Graph 中的一个节点，Dask 并没有创造新的计算引擎，而是通过 Task Graph 的方式将多个 Task 组织起来。Dask 提供的各类复杂功能都是基于这一机制实现的。

3.5.2　数据切分

Dask 将大数据集切分成许多小数据集。对于 Dask Array，这些小数据集被称为块（Chunk），而在 Dask DataFrame 中，这些小数据集被称为分区（Partition）。虽然 Chunk 和 Partition 在术语上不同，但它们本质上都是数据切分的方式。

下面的例子模拟了这样的计算：将一个 10×10 的矩阵切分为 4 个 5×5 的矩阵。

```
Import dask.array as da
x = da.ones((10, 10), chunks=(5, 5))

y = x + x.T
y
```

运行结果如图 3.18 所示。

	Array	Chunk
Bytes	800 B	200 B
Shape	(10, 10)	(5, 5)
Dask graph	4 chunks in 3 graph layers	
Data type	float64 numpy.ndarray	

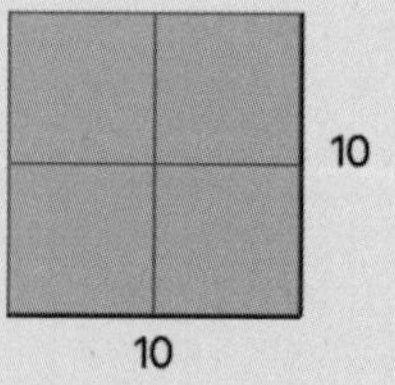

图 3.18　运行结果 14

经过数据切分后，共有 4 个 Chunk，Dask 为这 4 个 Chunk 分配了索引（Index），分别为 (0,0)、(0,1)、(1,0)、(1,1)。每个 Chunk 调用 NumPy 进行计算，必要时还需要对多个 Chunk 进行聚合操作。下面展示这个矩阵运算的 Task Graph。

```
y.visualize(filename='../img/ch-dask/transpose.svg')
```

运行结果如图 3.19 所示。

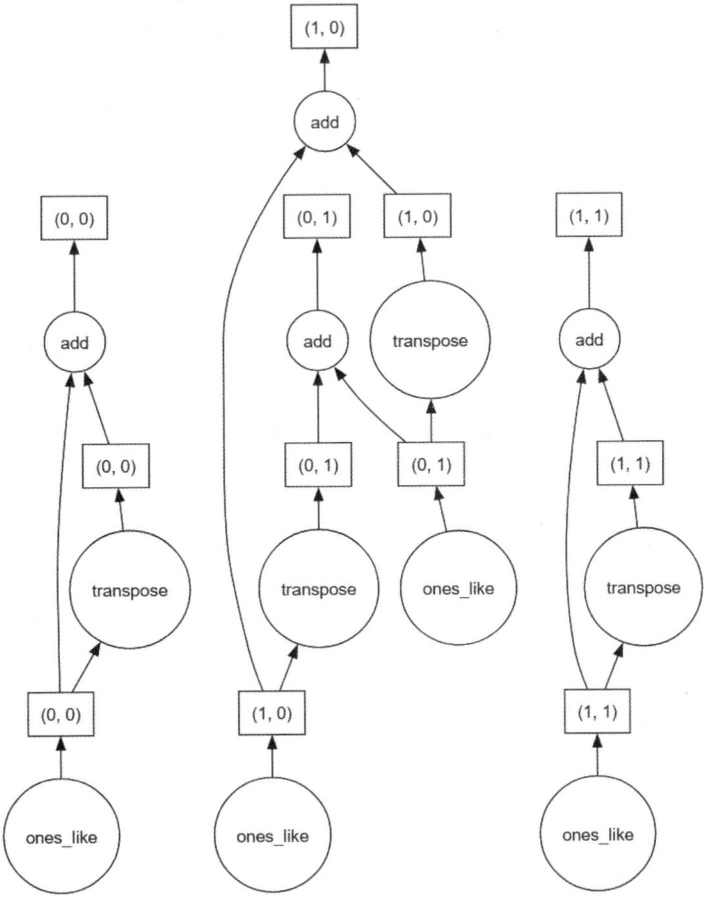

图 3.19　运行结果 15

在这个 Task Graph 中，圆圈表示计算函数，例如 ones_like 代表 NumPy 的 np.ones_like()方法，transpose 代表 NumPy 的 np.transpose()方法；方块表示数据占位符，代表经过前一步计算得到的 NumPy 数据块。

3.5.3　数据切分粒度

数据切分的粒度会影响 Task Graph：

- 如果每个数据块很小，那么 Task Graph 将会很大。
- 如果每个数据块很大，那么 Task Graph 将会很小。

过大或过小的数据块都不是最优解。

1. 数据块过小

如果数据块过小，那么生成的 Task Graph 会很大。据统计，Dask Scheduler 协调分发 Task Graph 中的一个计算任务平均需要 1 毫秒，如果 Task Graph 很大，Dask 将花费大量时间在计算资源的协调与分发上。

用一个比喻来说明，Dask Scheduler 就像包工头，而 Dask Worker 是建筑工人。现在需要用很多砖块砌一堵墙，建筑工人负责将砖块搬到墙上。如果包工头布置任务时，让每个建筑工人一次只搬一块砖，那么大量时间都会花费在搬运途中，工人实际上并没有充分发挥作用，而包工头也疲于指挥每个建筑工人。对于数据块过小的情况，一方面，Dask Worker 的工作欠饱和；另一方面，Dask Scheduler 的任务分发负载过重。在这种场景下，Dask 会生成一个非常庞大的 Task Graph，Dask 输出的日志中通常会提示用户 Task Graph 过大，影响性能，并建议优化数据切分方式。

2. 数据块过大

若数据块过大，Dask Worker 可能会耗尽内存（Out Of Memory，OOM），因为单个 Dask Worker 处理无法处理过大的数据块。当 Dask 遇到 OOM 时，会将部分数据卸载（Spill）到硬盘上。如果数据卸载后仍无法完成计算，Dask Worker 进程可能被重启，甚至出现反复重启的情况。

3.5.4 迭代式算法

迭代式算法通常会使用循环，每次迭代依赖于之前迭代产生的数据。Dask 的 Task Graph 对于这类迭代式算法的处理效果不佳，每个数据依赖关系都会在 Task Graph 图中增加一条有向边，导致 Task Graph 变得非常庞大，进而降低执行效率。例如，许多机器学习算法和 SQL JOIN 操作都基于循环的迭代式算法，用户在使用这些操作时需要有心理准备。

3.5.5 设置正确的数据块大小

在进行数据块切分时，数据块不应过大，也不应过小。Dask 并没有一个简单通用的设置原则，开发者需要根据数据情况，并结合 Dask 仪表盘或日志中的信息，不断调整数据切分方式。

1. 仪表盘

如图 3.20 所示，Dask 仪表盘提供了计算任务运行时的相关信息，用户可以根据仪表盘上的信息来调整数据分块大小。

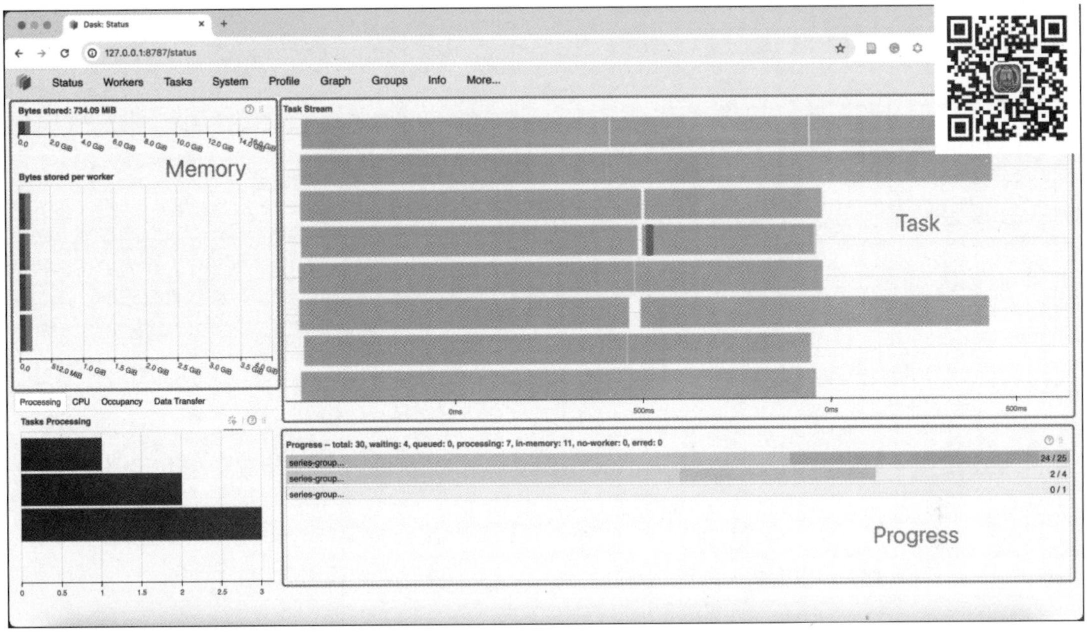

图 3.20　Dask 仪表盘（扫描图上的二维码查看彩图）

我们需要关注 Task Stream 栏，避免大量的空白或大量的红色。空白表示 Dask Worker 上没有任何任务，红色表示 Dask Worker 之间进行了大量的数据交换。

对比图 3.20 和图 3.21，两幅图使用的代码相同（源于 4.1 节中的例子），但所使用的数据块大小不同。图 3.22 中的数据块过小，导致 Task Graph 过大，出现了大量的红色，这意味着时间并没有用在实际计算上，而是浪费在数据交换等其他事情上。

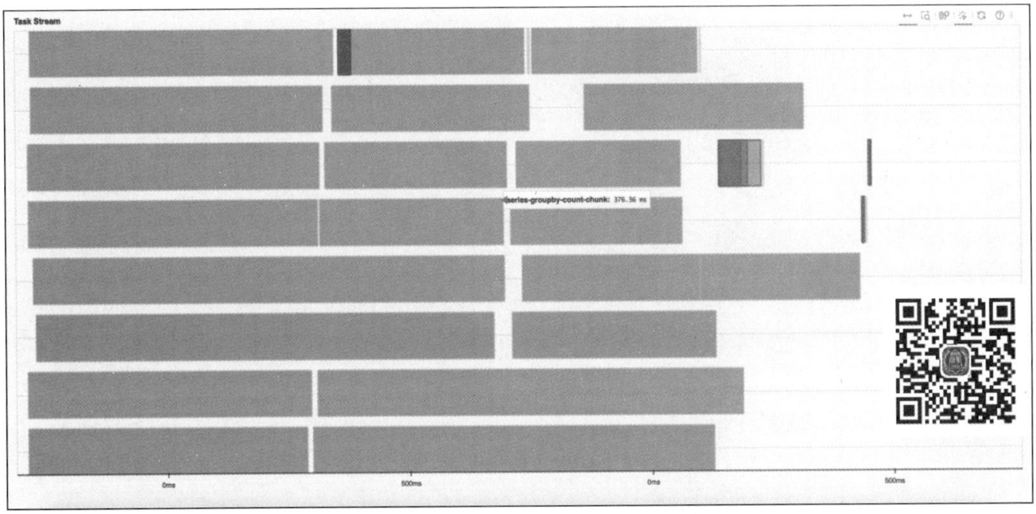

图 3.21　正常的 Task Stream（扫描图上的二维码查看彩图）

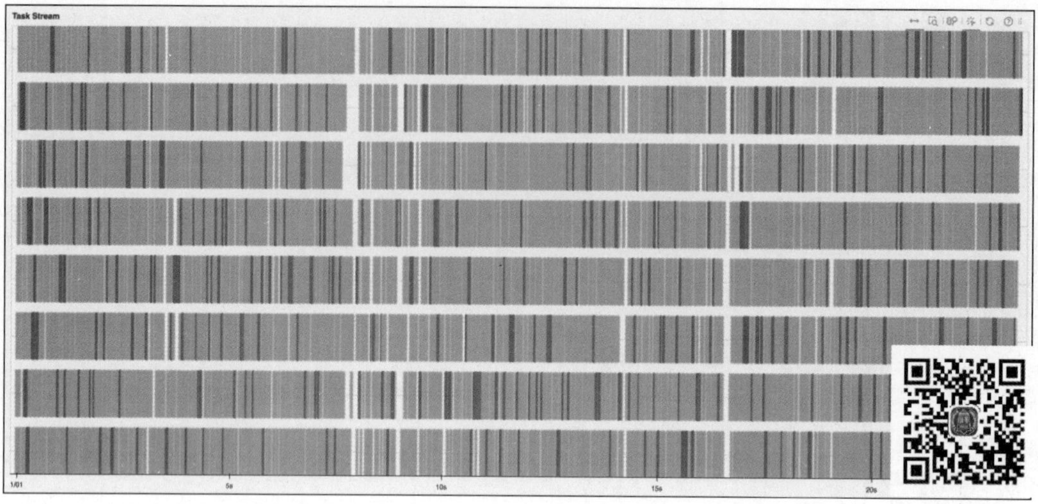

图 3.22　每个分区过小，导致 Task Graph 过大，Task 切分粒度过细，这意味着时间并没有用在实际计算上，而是浪费在数据交换等其他事情上（扫描图上的二维码查看彩图）

在内存方面，应尽量避免出现橙色、灰色或红色。当出现灰色或红色时，说明数据切分太大，超出了 Dask Worker 的内存范围。图 3.23 展示了内存使用状态的变化情况。

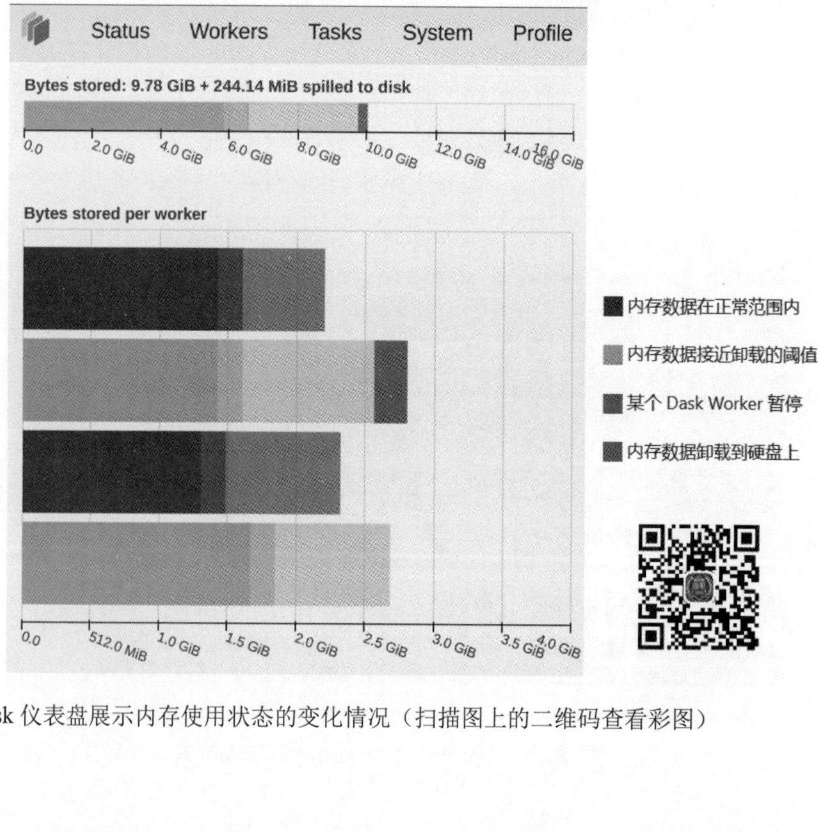

图 3.23　Dask 仪表盘展示内存使用状态的变化情况（扫描图上的二维码查看彩图）

2. 设置数据块大小

Dask Array 和 Dask DataFrame 都提供了设置数据块大小的方式。

可以在初始化时设定每个数据块的大小，例如使用 x=da.ones((10,10),chunks=(5,5))，其中 chunks 参数用于设置每个数据块的大小。此外，也可以在程序运行过程中进行调整，例如使用 Dask Array 的 rechunk()方法和 Dask DataFrame 的 repartition()方法。Dask Array 的 rechunk(chunks=⋯)方法用于在程序运行过程中调整数据块的大小，chunks 参数可以是 int 类型，表示将数据切分成多少块，也可以是类似于(5,10,20)这样的元组，表示单个矩阵在不同维度的大小。Dask DataFrame 的 repartition(npartitions=⋯)方法则用于将数据切分成指定数量的分区。

第 4 章

Dask DataFrame

Pandas 已经成为处理 DataFrame 的标准工具，但无法充分利用多核和集群计算资源，而 Dask DataFrame 试图解决 Pandas 的并行计算问题。Dask DataFrame 尽可能提供与 Pandas 一致的 API，但在使用上仍存在许多不同之处。Dask DataFrame 将大数据切分为多个分区，每个分区是一个 Pandas DataFrame。Dask 会记录 DataFrame 的元数据，存储在_meta 中。多个分区的信息存储在内置变量 partitions 和 divisions 中。Dask 使用 Task Graph 来管理计算图。对于用户来说，不需要深入理解 Dask DataFrame 的具体实现，只需调用与 Pandas 类似的上层 API 即可。本章假设用户已经了解并熟悉 Pandas，重点讨论 Dask DataFrame 与 Pandas 的区别。

4.1 读写数据

Dask DataFrame 支持 Pandas 中几乎所有的数据读写操作，包括从本地、NFS、HDFS 或 S3 上读写文本文件、Parquet、HDF、JSON 等格式的文件。表 4.1 显示了 Dask DataFrame 常见的读写操作。

表 4.1 Dask DataFrame 读写操作示例

数据格式	读取函数	写入函数
CSV	read_csv()	to_csv()
Parquet	read_parquet()	to_parquet()
HDFS	read_hdf()	to_hdf()

4.1.1 文件系统

提 示

当我们使用 Dask 集群读写数据时，数据源应存储在 NFS、HDFS、S3 等共享文件系统中，以确保所有 Dask Worker 都能访问该数据。

业内常使用文件系统前缀（Scheme）来标识不同的文件系统，并调用不同的库来读写文件系统。表 4.2 展示了一些 Scheme 的例子。数据集的地址应遵循统一资源标识符（Uniform

Resource Identifier，URI）的格式，URI 由 Scheme 和具体的地址组成。URI 的标准模板为 scheme://path/to/data。例如 file:///tmp/tripdata.parquet 或 s3://tmp/tripdata.parquet。

表 4.2　URI Scheme

文件系统	本　地	S3	HDFS
Scheme	file://	s3://	hdfs://

如果数据集地址未指定任何 Scheme，系统默认它指向本地可访问的文件系统，即该计算节点可以直接读写和访问的文件系统。例如，网络文件系统（Network File System，NFS）是一种分布式文件系统，若挂载到多个计算节点的/mnt/nfs 目录，使用 Dask 读写该目录时，可直接使用/mnt/nfs 路径。

本书后续介绍的 Ray Data 等也将遵循相同的 URI 和 Scheme 标准。

HDFS 和 S3 等共享文件系统在企业或组织中被多人共享，因此通常包含用户验证环节，以确保数据隔离，避免用户互相修改或删除数据。不同的文件系统有各自的用户验证方式。例如，S3 用户需要提供令牌（Token），这些令牌可以通过 read_*()和 to_*()（包括 read_csv()、read_parquet、to_parquet()等方法）的 storage_options 参数传递。如果你对用户验证不熟悉，建议咨询负责运维管理的同事。

4.1.2　数据切分与并行读取

案例：飞机起降数据

飞机起降数据集由多个 CSV（Comma-Separated Values，CSV）文件组成，每个文件对应一个特定的年份。我们通过读取多个 CSV 文件来展示 Dask DataFrame 与 Pandas 的区别。

```
import os
import glob

import sys
sys.path.append("..")
from utils import nyc_flights

import warnings
warnings.simplefilter(action='ignore', category=FutureWarning)

folder_path = nyc_flights()

file_path = os.path.join(folder_path, "nyc-flights", "*.csv")

import dask
dask.config.set({'dataframe.query-planning': False})
```

```
import dask.dataframe as dd
import pandas as pd
from dask.distributed import LocalCluster, Client

cluster = LocalCluster()
client = Client(cluster)
```

Pandas 和 Dask DataFrame 都提供了 read_csv()方法，用于读取 CSV 文件。Dask 的 read_csv()参数与 Pandas 几乎一致，可参考 Pandas 的 read_csv()方法。例如，在此例中，原始数据有多列，其中前三列分别为年（Year）、月（Month）、日（DayofMonth），read_csv()方法的 parse_dates 参数将这三列解析为时间 datetime64 类型，并生成一个新列 Date。

```
ddf = dd.read_csv(file_path, parse_dates={'Date': [0, 1, 2]})
```

这里的 file_path 采用*.csv 的形式，匹配所有以.csv 结尾的文件；而 Pandas 的 read_csv()方法只能读取单个文件，不支持*.csv 这样的通配符。如果要用 Pandas 读文件夹下所有以.csv 结尾的文件，代码如下：

```
file_list = glob.glob(file_path)
data = []

for p in file_list:
    df = pd.read_csv(p, parse_dates={'Date': [0, 1, 2]})
    data.append(df)

pdf = pd.concat(data)
```

查看这份数据的前 3 行：

```
ddf.head(3)
```

运行结果如图 4.1 所示。

	Date	DayOfWeek	DepTime	CRSDepTime	ArrTime	CRSArrTime	UniqueCarrier
0	1991-01-08	2	1215.0	1215	1340.0	1336	US
1	1991-01-09	3	1215.0	1215	1353.0	1336	US
2	1991-01-10	4	1216.0	1215	1332.0	1336	US

3 rows × 21 columns

图 4.1　运行结果 1

```
pdf.head(3)
```

运行结果如图 4.2 所示。

	Date	DayOfWeek	DepTime	CRSDepTime	ArrTime	CRSArrTime	UniqueCarrier
0	1991-01-08	2	1215.0	1215	1340.0	1336	US
1	1991-01-09	3	1215.0	1215	1353.0	1336	US
2	1991-01-10	4	1216.0	1215	1332.0	1336	US

3 rows × 21 columns

图 4.2　运行结果 2

上述文字体现出 Dask DataFrame 与 Pandas 的区别：Dask DataFrame 支持使用*.csv 这样的通配符，可以批量读取文件夹下所有的以.csv 结尾的文件。在实现过程中，Dask DataFrame 首先搜索目录下的*.csv 文件，了解目录下一共有多少个 CSV 文件，在构建 Task Graph 时，根据文件数量并行启动多个 Pandas 进程。

使用 ddf.visualize()可以对 Task Graph 进行可视化，展示目录下共有 *m* 个 CSV 文件，在 Task Graph 中相应地生成了 *m* 个 read_csv()子图，执行时并行启动 *m* 个 Pandas 的 read_csv()操作；或者说，每个 CSV 文件对应一个数据分区。根据文件数量构建 Task Graph 中的并行粒度，是一种最简单的图生成方式。

```
    ddf.visualize(filename="../img/ch-dask-dataframe/nyc-flights-graph",
format="svg")
```

运行结果如图 4.3 所示。

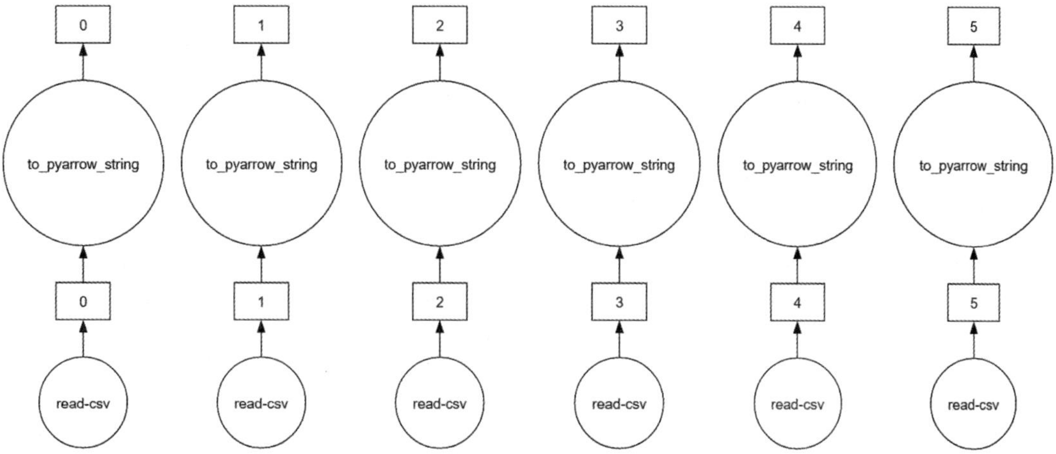

图 4.3　运行结果 3

在这个例子中，Dask 根据文件数量来确定分区的数量。如 3.5 节提到，数据切分得过细或过粗都不是最佳选择。对于所有可能的场景，单纯根据文件数量来确定切分为多少个分区的方法并不一定是最优的：如果存在很多小文件，切分的粒度可能过细；相反，如果只有一个大文件，切分的粒度可能过粗，而导致内存耗尽。在这两种极端情况下，生成的 Task Graph 和并行粒度都不是最优的。因此，Dask DataFrame 的 read_csv()提供了自定义每个分区大小的参数 blocksize，单个分区的大小不会超过 blocksize。如果用户没有显式设置 blocksize，Dask DataFrame 会根据探测到的计算资源情况来确定 blocksize，最大不超过 64MB。

4.1.3　数据表模式推理

在读取数据时，Dask DataFrame 会对数据的类型和表模式进行推测，并将字段名、字段对应的数据类型等表模式记录下来。Dask DataFrame 的 read_csv()有 sample 参数，表示只读取前面 sample 字节大小的数据，并根据这些数据来推测数据类型。这可能带来以下问题：

获取 ddf 的最后 3 行：

```
try:
    ddf.tail(3)
except Exception as e:
    print(f"{type(e).__name__}, {e}")
```

运行结果如图 4.4 所示。

```
ValueError, Mismatched dtypes found in `pd.read_csv`/`pd.read_table`.

+----------------+---------+----------+
| Column         | Found   | Expected |
+----------------+---------+----------+
| CRSElapsedTime | float64 | int64    |
| TailNum        | object  | float64  |
+----------------+---------+----------+

The following columns also raised exceptions on conversion:

- TailNum
  ValueError("could not convert string to float: 'N14346'")

Usually this is due to dask's dtype inference failing, and
*may* be fixed by specifying dtypes manually by adding:

dtype={'CRSElapsedTime': 'float64',
       'TailNum': 'object'}

to the call to `read_csv`/`read_table`.

2024-04-23 15:57:08,658 - distributed.worker - WARNING - Compute Failed
Key:       ('to_pyarrow_string-1ab0cc1658d1dd5cfa26f384700ac39c', 5)
Function:  execute_task
args:      ((subgraph_callable-490521c8fd346c8bafcb4403419b222a, [(<function read_block_from
kwargs:    {}
Exception: 'ValueError(\'Mismatched dtypes found in `pd.read_csv`/`pd.read_table`.\\n\\n+---
```

图 4.4　运行结果 4

traceback 捕获了 ddf.tail(3)抛出的异常。为什么会抛出异常？因为 Dask DataFrame 并没有把所有数据都读取出来，只是读取了 sample 大小的数据。恰好在这些数据中，CRSElapsedTime 列是空的，Dask DataFrame 猜测该字段为 float64 类型，但实际数据中的行数据（字段）是 int64 类型的。或者说，Dask DataFrame 猜测的字段数据类型和实际字段的数据类型不一致。

针对这种情况，应该在最开始读取数据时明确数据类型，而不是依赖 Dask 的表模式进行推测：

```
ddf = dd.read_csv(file_path,
                  parse_dates={'Date': [0, 1, 2]},
                  dtype={'TailNum': object,
                         'CRSElapsedTime': float,
                         'Cancelled': bool})
ddf.tail(3)
```

运行结果如图 4.5 所示。

	Date	DayOfWeek	DepTime	CRSDepTime	ArrTime	CRSArrTime	UniqueCarrier
259511	1996-12-29	7	2008.0	1640	2236.0	1852	UA
259512	1996-12-30	1	1644.0	1640	1855.0	1852	UA
259513	1996-12-31	2	1659.0	1640	1902.0	1852	UA

3 rows × 21 columns

图 4.5　运行结果 5

Dask DataFrame 把各个字段的 Schema 存储在_meta 中，包括字段的名称和类型。

```
ddf._meta
```

运行结果如图 4.6 所示。

Date	DayOfWeek	DepTime	CRSDepTime	ArrTime	CRSArrTime	UniqueCarrier

0 rows × 21 columns

图 4.6　运行结果 6

依然使用刚才的例子，我们分别将 blocksize 参数设置为 50_000 和 5_000_000，比较不同分区下的计算速度，并观察 Dask 仪表盘上提供的各类信息。当 blocksize 为 50_000 时，Task Graph 的切分粒度更细，计算图更大，复杂的计算图带来的额外开销使得总体耗时更长。

```
%%time
```

```
ddf = dd.read_csv(file_path,
                  parse_dates={'Date': [0, 1, 2]},
                  dtype={'TailNum': object,
                         'CRSElapsedTime': float,
                         'Cancelled': bool},
               blocksize=500_000)

origin_cnt = ddf[~ddf.Cancelled].groupby("Origin").Origin.count()
.compute()
print(origin_cnt)
```

运行结果如图 4.7 所示。

```
Origin
EWR    669254
JFK    255485
LGA    591305
Name: Origin, dtype: int64
CPU times: user 288 ms, sys: 63.2 ms, total: 351 ms
Wall time: 1.44 s
```

图 4.7　运行结果 7

```
%%time
ddf = dd.read_csv(file_path,
                 parse_dates={"Date": [0, 1, 2]},
                 dtype={"TailNum": str, "CRSElapsedTime": float, "Cancelled":
bool},
                 blocksize=5_000_000
             )
origin_cnt = ddf[~ddf.Cancelled].groupby("Origin").Origin.count().compute()
print(origin_cnt)
```

运行结果如图 4.8 所示。

```
Origin
EWR    669254
JFK    255485
LGA    591305
Name: Origin, dtype: int64
CPU times: user 65.5 ms, sys: 17.8 ms, total: 83.4 ms
Wall time: 1.05 s
```

图 4.8　运行结果 8

4.1.4 Parquet

在大数据工程领域，Apache Parquet 是一种广泛应用的文件格式。相比 CSV 等纯文本类型文件，Parquet 具有以下优势：

- 列式存储。
- 内嵌表模式。
- 数据压缩。

具体而言，列式存储按列进行存储，而不是像 CSV 那样按行进行存储。在数据分析过程时，我们可能只关心特定的列，而不是所有的列，因此 Parquet 允许在读取数据时方便地过滤掉不需要的列，而不必读取整行，这一过程称为列裁剪（Column Pruning）。除了列裁剪，行裁剪（Row Pruning）是另一种减少数据读取的技术。Parquet 自带表模式，每个 Parquet 文件中嵌入了每列的列名、数据类型等元数据，从而避免了 Dask DataFrame 在进行表模式推测时可能出现的推测不准确问题。Parquet 中的数据经过压缩，相比 CSV 格式，Parquet 更节省持久化存储空间。

Parquet 被广泛应用于 Apache Spark、Apache Hive 和 Apache Flink 等大数据生态系统中。

例如，应该尽量读取所需的列，而不是所有的列。

```
dd.read_parquet(
    "s3://path/to/folder/",
    columns=["a", "b", "c"]
)
```

此外，Parquet 提供了行分组（Row Group）的概念，如图 4.9 所示。Parquet 文件中的数据被分组，Row Group 定义了每组包含多少行。在这个例子中，共有 3 个 Row Group，每个 Row Group 包含两行数据。每个 Row Group 存储了列的最大值和最小值等元数据，进行某些查询时，通过这些元数据可以判断是否需要读取该 Row Group。例如，假设有一个时间列是一个时间序列，查询“每天 9:00 至 12:00 的销量”，Row Group 中的元数据记录了时间列的最大值和最小值，通过这些元数据可以判断是否需要读取 Row Group，从而避免读取不必要数据的开销。

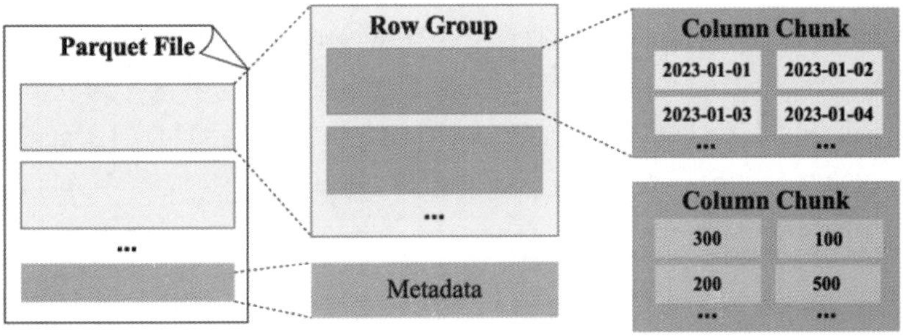

图 4.9　Parquet 是一种列存储，一个 Parquet 文件至少有一个 Row Group，Row Group 中的数据按列存储，每个列存储在一个 Column Chunk 中

由于 Row Group 的引入，一个 Parquet 文件中可能包含多个组，也就是说 Parquet 文件帮我们进行了分组。不过，许多 Parquet 文件的 Row Group 数量可能为 1。

通常，数据集的文件被拆分为多个 Parquet 文件，并按照一定的方式进行组织。例如，数据可以按照时间来切分，如图 4.10 所示。

```
path/to/folder/
├── year=2023/
│   ├── month=01/
│   │   └── part.0.parquet
│   └── month=02/
│       ├── part.0.parquet
│       └── part.1.parquet
└── year=2024/
    └── month=01/
        └── part.0.parquet
```

图 4.10　按照时间来切分

可以过滤掉不需要的数据：

```
dd.read_parquet("path/to/folder/", filters=[("year", ">=", 2023)])
```

也可以根据这种目录结构存储数据：

```
df.to_parquet("path/to/folder/", partition_on=["year", "month"])
```

Dask DataFrame 在读取 Parquet 数据集时，除了根据文件数量外，又多了一个可能的依据：Row Group。如果有 m 个文件，分区的可能选项包括：

- 每个 Parquet 文件对应 Dask 的一个分区，共有 m 个分区。
- 每个 Row Group 对应 Dask 的一个分区。如果一个 Parquet 文件有 n 个 Row Group，则共有 $m \times n$ 个分区。

无论采用哪种方式，都应尽量确保每个分区所占用的内存空间不超过 Worker 的物理内存空间。Dask DataFrame 的 read_parquet()通过 split_row_groups 参数为用户提供了更多选项。如果设置 split_row_groups=True，则强制每个 Row Group 对应一个分区；如果设置为 False，则每个文件对应一个分区。默认情况下，split_row_groups="infer"，即 Dask DataFrame 会根据读到的第一个 Parquet 文件的数据大小等元数据来推测，是每个文件对应一个分区，还是每个 Row Group 对应一个分区。

4.2　索引

如图 4.11 所示，Pandas DataFrame 主要处理二维表，包括列标签和行标签。行标签通常会被用户忽视，但实际上它们发挥着至关重要的作用——索引（Indexing）。大多数 Pandas DataFrame 的行标签是排好序的索引，例如从 0 开始递增。这种排好序的索引使得 Pandas DataFrame 中的数据是有序的。

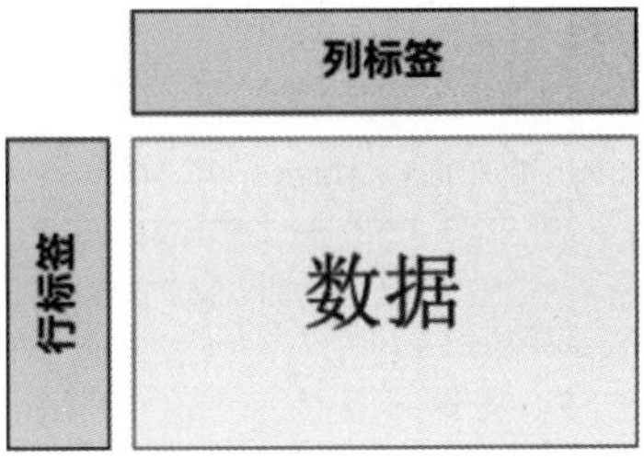

图 4.11　Pandas DataFrame 数据模型

创建 Pandas DataFrame 时，系统会在最左侧自动生成一个索引列。从下面的例子可以看出，索引列没有列名，因此不能算作一个“字段”，它是在传入数据的字段基础上新增的列。

```
%config InlineBackend.figure_format = 'svg'
import os
import sys
sys.path.append("..")
from utils import nyc_flights

import dask
dask.config.set({'dataframe.query-planning': False})
import dask.dataframe as dd
import pandas as pd
from dask.distributed import LocalCluster, Client

cluster = LocalCluster()
client = Client(cluster)
df = pd.DataFrame({
   'A': ['foo', 'bar', 'baz', 'qux'],
   'B': ['one', 'one', 'two', 'three'],
   'C': [1, 2, 3, 4],
   'D': [10, 20, 30, 40]
})
df
```

运行结果如图 4.12 所示。

	A	B	C	D
0	foo	one	1	10
1	bar	one	2	20
2	baz	two	3	30
3	qux	three	4	40

图 4.12　运行结果 9

也可以设置一个字段作为索引列：

```
df = df.set_index('A')
df
```

运行结果如图 4.13 所示。

	B	C	D
A			
foo	one	1	10
bar	one	2	20
baz	two	3	30
qux	three	4	40

图 4.13　运行结果 10

或者重置回原来的结构：

```
df = df.reset_index()
df
```

运行结果如图 4.14 所示。

	A	B	C	D
0	foo	one	1	10
1	bar	one	2	20
2	baz	two	3	30
3	qux	three	4	40

图 4.14　运行结果 11

4.2.1 有序行索引

Dask DataFrame 由多个 Pandas DataFrame 组成，但如何在全局维度上维护整个 Dask DataFrame 的行标签和行顺序是一个很大的挑战。Dask DataFrame 并没有刻意保留全局有序性，这使得它无法支持所有 Pandas DataFrame 的功能。

如图 4.15 所示，Dask DataFrame 在切分时具有 divisions（分区边界或分界点）。

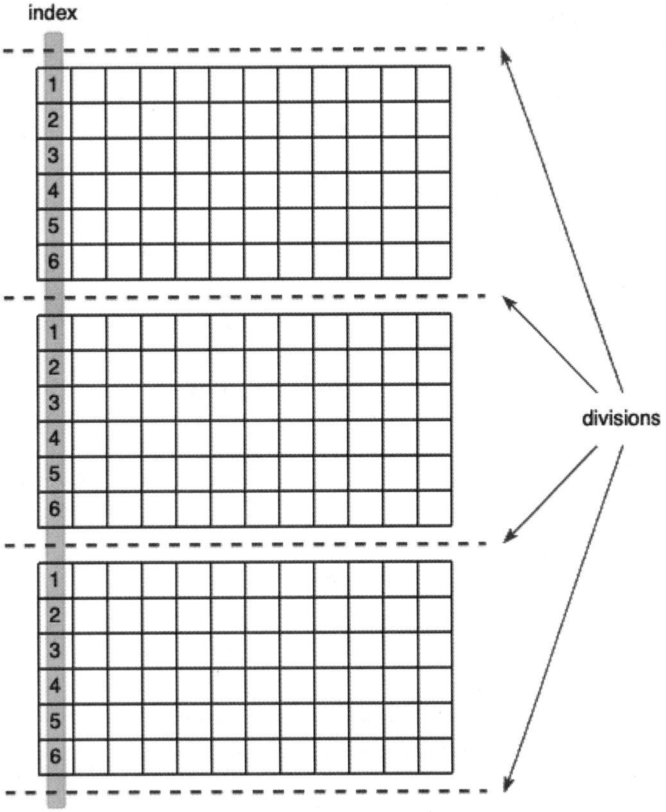

图 4.15 Dask DataFrame 的 divisions

以 Dask 提供的样例数据函数 dask.datasets.timeseries 为例，该函数生成了时间序列，使用时间戳作为行标签，每个分区的边界都会被记录下来，并存储在 divisions 中。len(divisions)等于 npartitions+1。

```
ts_df = dask.datasets.timeseries("2018-01-01", "2023-01-01")
print(f"df.npartitions: {ts_df.npartitions}")
print(f"df.divisions: {len(ts_df.divisions)}")
```

运行结果如图 4.16 所示。

```
df.npartitions: 1826
df.divisions: 1827
```

图 4.16　运行结果 12

Dask DataFrame 没有记录每个分区中有多少行，因此无法在全局范围内支持基于行索引的操作，比如 iloc。

```
try:
    ts_df.iloc[3].compute()
except Exception as e:
    print(f"{type(e).__name__}, {e}")
```

运行结果如图 4.17 所示。

```
NotImplementedError, 'DataFrame.iloc' only supports selecting columns. It must be used like
```

图 4.17　运行结果 13

但是，支持使用列标签选择某些列，或者使用行标签上的“:”通配符选择所有的行：

```
ts_df.iloc[:, [1, 2]].compute()
```

运行结果如图 4.18 所示。

	id	x
timestamp		
2018-01-01 00:00:00	992	-0.711756
2018-01-01 00:00:01	1018	-0.838596
2018-01-01 00:00:02	1000	-0.735968
2018-01-01 00:00:03	1004	0.904384
2018-01-01 00:00:04	1021	0.025423
...	...	...
2022-12-31 23:59:55	1020	0.961542
2022-12-31 23:59:56	963	-0.663948
2022-12-31 23:59:57	1010	0.510401
2022-12-31 23:59:58	964	-0.882126
2022-12-31 23:59:59	1020	-0.532950

157766400 rows × 2 columns

图 4.18　运行结果 14

对于 CSV 文件，Dask DataFrame 并没有自动生成 divisions。

```
folder_path = nyc_flights()
file_path = os.path.join(folder_path, "nyc-flights", "*.csv")
```

```
flights_ddf = dd.read_csv(file_path,
                parse_dates={'Date': [0, 1, 2]},
                dtype={'TailNum': object,
                       'CRSElapsedTime': float,
                       'Cancelled': bool})
flights_ddf.divisions
```

运行结果如图 4.19 所示。

```
(None, None, None, None, None, None, None)
```

图 4.19　运行结果 15

因为没有记录每个分区包含的数据条数，所以 Dask DataFrame 无法很好地支持某些操作，例如 median()这样的百分位操作，因为这些操作需要对数据排序并定位到特定的行。

```
try:
    flights_ddf['DepDelay'].median()
except Exception as e:
    print(f"{type(e).__name__}, {e}")
```

运行结果如图 4.20 所示。

```
NotImplementedError, Dask doesn't implement an exact median in all cases as this is hard to
```

图 4.20　运行结果 16

4.2.2　设置索引列

1. set_index()

在 Dask DataFrame 中，我们可以使用 set_index()方法手动将某一列设置为索引列。此操作除不仅将某个字段设为索引列，还会根据该字段对全局数据进行排序。由于它打乱了原本每个分区的数据排序，因此成本较高。

下面的例子展示了 set_index()带来的变化：

```
def print_partitions(ddf):
    for i in range(ddf.npartitions):
        print(ddf.partitions[i].compute())

df = pd.DataFrame(
    {"col1": ["01", "05", "02", "03", "04"], "col2": ["a", "b", "c", "d", "e"]}
)
ddf = dd.from_pandas(df, npartitions=2)
```

```
print_partitions(ddf)
```

运行结果如图 4.21 所示。

```
  col1 col2
0   01    a
1   05    b
2   02    c
  col1 col2
3   03    d
4   04    e
```

图 4.21 运行结果 17

```
ddf2 = ddf.set_index("col1")
print_partitions(ddf2)
```

运行结果如图 4.22 所示。

```
     col2
col1
01      a
```

```
     col2
col1
02      c
03      d
04      e
05      b
```

图 4.22 运行结果 18

在这个例子中，col1 列被设置为索引列，导致两个分区中的数据被打乱并重排。如果在数据量场景下，全局数据排序和打乱重排的成本极高。因此，应尽量避免这种操作。然而，set_index()也有其优势，它可以加快后续的计算速度。数据打乱重排又被称为 Shuffle，我们会在 4.5 节中介绍 Shuffle 的计算过程和成本。

回到时间序列数据，这类数据通常使用时间戳作为索引列。下面展示了对这类数据进行 set_index()操作的两种方式。第一种方式不设置 divisions，第二种方式则设置了 divisions。

第一种方式不设置 divisions，耗时较长，因为 Dask DataFrame 计算了所有分区的数据分布，并根据数据分布重新排列了所有分区，可以看到，分区的数量也发生了变化。

```
%%time
ts_df1 = ts_df.set_index("id")
nu =  ts_df1.loc[[1001]].name.nunique().compute()
print(f"before set_index npartitions: {ts_df.npartitions}")
print(f"after set_index npartitions: {ts_df1.npartitions}")
```

运行结果如图 4.23 所示。

```
before set_index npartitions: 1826
after set_index npartitions: 165
CPU times: user 6.63 s, sys: 3.65 s, total: 10.3 s
Wall time: 20.6 s
```

图 4.23 运行结果 19

第二种方式是先提前获取 divisions，然后将这些 divisions 用于设置 set_index()。这样可以提高 set_index()的速度。

```
dask_computed_divisions = ts_df.set_index("id").divisions
unique_divisions = list(dict.fromkeys(list(dask_computed_divisions)))

%%time
ts_df2 = ts_df.set_index("id", divisions=unique_divisions)
nuids = ts_df2.loc[[1001]].name.nunique().compute()
```

运行结果如图 4.24 所示。

```
CPU times: user 3.24 s, sys: 1.7 s, total: 4.94 s
Wall time: 11.9 s
```

图 4.24 运行结果 20

如果不设置索引列，直接对 id 列进行查询，速度反而更快。

```
%%time
nu = ts_df.loc[ts_df["id"] == 1001].name.nunique().compute()
```

运行结果如图 4.25 所示。

```
CPU times: user 1.88 s, sys: 1.09 s, total: 2.97 s
Wall time: 8.38 s
```

图 4.25 运行结果 21

因此，在使用 Dask DataFrame 时，需慎重使用 set_index()。如果在 set_index()之后有大量以下操作，可以考虑使用 set_index()。

- 使用 loc 对索引列进行过滤。
- 两个 Dask DataFrame 在索引列上合并（使用 merge()函数）。
- 在索引列上进行分组聚合（使用 groupby()函数）。

2. reset_index()

在 Pandas 中，groupby 默认 as_index=True，分组字段经过 groupby()之后成为索引列。索引列在 DataFrame 中并不是“正式”的字段，如果分组聚合之后只有一个“正式”字段（不考虑索引列），分组聚合的结果将是一个 Series（序列或系列）。例如，以下 Pandas 示例中，Origin 列是分组字段，如果不设置 as_index=False，groupby("Origin", as_index=False)["DepDelay"].mean() 生成的是一个 Series。

```
# Pandas
file_path = os.path.join(folder_path, "1991.csv")
pdf = pd.read_csv(file_path,
                  parse_dates={'Date': [0, 1, 2]},
                  dtype={'TailNum': object,
                         'CRSElapsedTime': float,
                         'Cancelled': bool})
uncancelled_pdf = pdf[pdf["Cancelled"] == False]
avg_pdf = uncancelled_pdf.groupby("Origin", as_index=False)
["DepDelay"].mean()
avg_pdf.columns = ["Origin", "AvgDepDelay"]
avg_pdf.sort_values("AvgDepDelay")
```

运行结果如图 4.26 所示。

	Origin	AvgDepDelay
2	LGA	5.726304
0	EWR	6.916220
1	JFK	9.311532

图 4.26　运行结果 22

或者是 reset_index()，用来取消索引列，分组字段会成为 DataFrame 的一个正式字段。

```
avg_pdf = uncancelled_pdf.groupby("Origin")["DepDelay"].mean()
.reset_index()
avg_pdf.columns = ["Origin", "AvgDepDelay"]
avg_pdf.sort_values("AvgDepDelay")
```

运行结果如图 4.27 所示。

	Origin	AvgDepDelay
2	LGA	5.726304
0	EWR	6.916220
1	JFK	9.311532

图 4.27　运行结果 23

Dask DataFrame 的 groupby()不支持 as_index 参数。要取消索引列，Dask DataFrame 只能使用 reset_index()。

```
    uncancelled_ddf = flights_ddf[flights_ddf["Cancelled"] == False]
    avg_ddf =
uncancelled_ddf.groupby("Origin")["DepDelay"].mean().reset_index()
    avg_ddf.columns = ["Origin", "AvgDepDelay"]
    avg_ddf = avg_ddf.compute()
    # Pandas 只使用了一年的数据，因此结果不一样
    avg_ddf.sort_values("AvgDepDelay")
```

运行结果如图 4.28 所示。

	Origin	AvgDepDelay
2	LGA	6.944939
0	EWR	9.997188
1	JFK	10.766914

图 4.28 运行结果 24

4.3 map_partitions

除 4.4 节提到的一些需要通信的计算外，还有一种简单的并行方式，英文术语为 Embarrassingly Parallel，中文可翻译为“易并行”。它指的是该类计算不需要太多跨 Worker 的协调和通信。例如，对某个字段执行加 1 的运算，在每个 Worker 内执行加法即可，Worker 之间没有通信的开销。在 Dask DataFrame 中，可以使用 map_partitions(func)进行这类 Embarrassingly Parallel 的操作。map_partitions(func)的参数是一个 func，该 func 将在每个 Pandas DataFrame 上执行，func 内可以执行 Pandas DataFrame 的各类操作。如图 4.29 所示，map_partitions(func)对原来的 Pandas DataFrame 进行了转换操作。

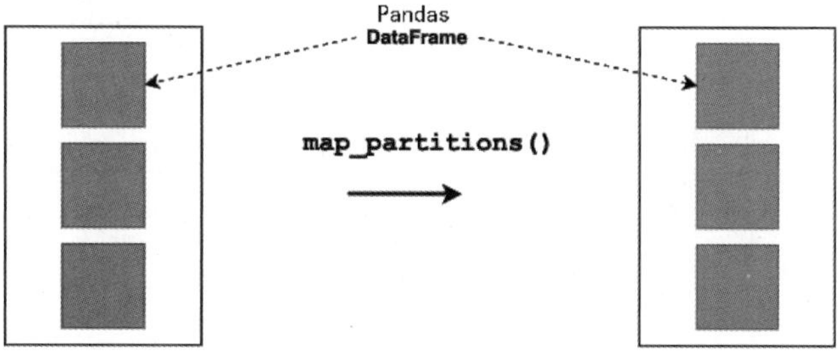

图 4.29 map_partitions()

案例：纽约出租车数据

我们使用纽约出租车数据集进行简单的数据预处理：计算每个订单的时长。在原数据集中，

tpep_pickup_datetime 和 tpep_dropoff_datetime 分别表示乘客上车和下车的时间，现在只需将下车时间 tpep_dropoff_datetime 减去上车时间 tpep_pickup_datetime 即可。由于这一计算没有跨 Worker 的通信开销，因此是 Embarrassingly Parallel 的典型应用场景。

```
import sys
sys.path.append("..")
from utils import nyc_taxi

import pandas as pd
import dask
dask.config.set({'dataframe.query-planning': False})
import dask.dataframe as dd
import pandas as pd
from dask.distributed import LocalCluster, Client

cluster = LocalCluster()
client = Client(cluster)
dataset_path = nyc_taxi()
ddf = dd.read_parquet(dataset_path)
def transform(df):
    df["trip_duration"] = (df["tpep_dropoff_datetime"] -
df["tpep_pickup_datetime"]).dt.seconds
    # 将 trip_duration 挪到前面
    dur_column = df.pop('trip_duration')
    df.insert(1, dur_column.name, dur_column)
    return df

ddf = ddf.map_partitions(transform)
ddf.compute()
ddf.head(5)
```

运行结果如图 4.30 所示。

	VendorID	trip_duration	tpep_pickup_datetime	tpep_dropoff_datetime	passenger_count
0	1	1253	2023-06-01 00:08:48	2023-06-01 00:29:41	1.0
1	1	614	2023-06-01 00:15:04	2023-06-01 00:25:18	0.0
2	1	1123	2023-06-01 00:48:24	2023-06-01 01:07:07	1.0
3	2	1406	2023-06-01 00:54:03	2023-06-01 01:17:29	3.0
4	2	514	2023-06-01 00:18:44	2023-06-01 00:27:18	1.0

图 4.30　运行结果 25

Dask DataFrame 的某些 API 是 Embarrassingly Parallel 的，它的底层通过调用 map_partitions()来实现。

正如 4.2 节提到的，Dask DataFrame 会在某个列（索引列）上进行切分，但如果 map_partitions()对这些索引列进行了修改，则需要调用 clear_divisions()方法或重新执行 set_index()操作，以确保索引的正确性。

```
ddf.clear_divisions()
```

运行结果如图 4.31 所示。

Dask DataFrame Structure:

	VendorID	trip_duration	tpep_pickup_datetime	tpep_dropoff_datetime
npartitions=1				
	int32	int32	datetime64[us]	datetime64[us]
	...	...	...	...

Dask Name: transform, 2 graph layers

图 4.31　运行结果 26

4.4　Shuffle

在分布式系统中，不同 Worker 之间交换数据的过程被称为 Shuffle，或者说 Shuffle 将数据从某个分区移动到其他分区。有些 Shuffle 是显式的，例如 repartition，从 API 名称可以看出，它会在不同的分区之间交换数据；有些 Shuffle 是隐式的，例如 sort、merge 和 groupby 背后都有 Shuffle 过程。Shuffle 一直是分布式大数据计算领域的难题之一，像 sort、merge 和 groupby 这些 Pandas 算子在单机上实现起来相对简单，但在大数据分布式计算场景中，实现起来并不那么容易。

4.4.1　Shuffle 的实现机制

3.5 节介绍了 Dask 主要基于 Task Graph 构建，Dask 的 Task Graph 是一个有向无环图。有向边表示下游分区的输入依赖上游分区的输出，任何数据移动都会在 Task Graph 上生成一条有向边。许多计算任务的 Shuffle 涉及大量的数据移动，在有些场景下，所有数据都会被打散，这意味着上游会有多条边指向下游。这种基于 Task Graph 的 Shuffle 会使得 Task Graph 变得非常庞大，Task Graph 过大会使得 Dask Scheduler 的负载过重，从而导致计算变得极其缓慢。如图 4.32 左图所示，Tasks 是基于 Task Graph 机制建立的，上游和下游之间建立了有向边，如果有中间层（通常因为上游流入的数据量太大，需要将数据进一步切分成多个分区），那么中间层还会进一步增加 Task Graph 的复杂程度。

为了解决 Task Graph 过大的问题，Dask 设计了一种点对点（Peer-to-Peer）的 Shuffle 机制。如图 4.32 右图所示，P2P 在 Task Graph 中引入了一个虚拟的障碍（Barrier）节点。障碍节点并不是一个真正的 Task，引入障碍节点可以使 Task Graph 的复杂度显著下降。

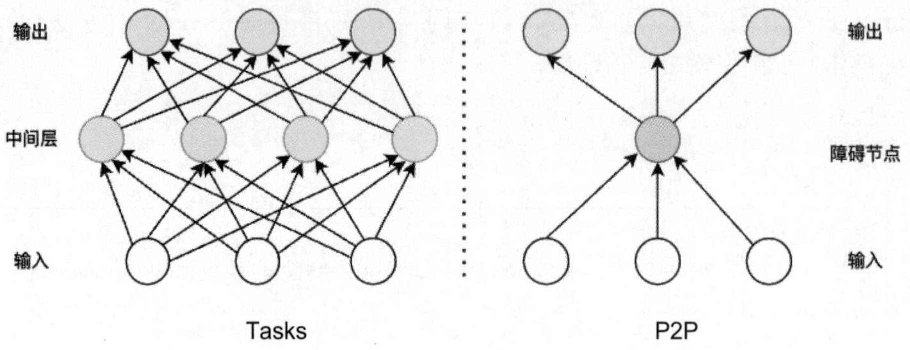

图 4.32 Dask 仪表盘

目前，Dask 提供了两类 Shuffle 实现策略：单机和分布式。

- 单机。如果数据大小超出了内存空间，可以将中间数据写到磁盘上。单机场景默认使用这种策略。
- 分布式。如图 4.32 所示，分布式场景提供了两种 Shuffle 策略：Tasks 和 P2P。Tasks 是基于 Task Graph 的 Shuffle 实现的，在许多场景中的效率较低，可能会遇到前面提到的 Task Graph 过大的问题。P2P 是基于点对点的 Shuffle 实现的，显著降低了 Task Graph 的复杂性，性能也显著提升。Dask 会优先选择 P2P 方式。

通过 dask.config.set({"dataframe.shuffle.method":"p2p"})可以将当前 Python 脚本的所有计算设置为使用 P2P 方式进行 Shuffle。也可以针对某个算子设置 Shuffle 策略，例如 ddf.merge(shuffle_method="p2p")。

为了对比这两种分布式场景的 Shuffle 机制的性能，这里搭建了一个由两个节点组成的 Dask 集群，并使用 Shuffle 进行了测试。读者也可以使用单机的 LocalCluster，增大数据量，观察不同的 Shuffle 机制的性能表现。

```
import dask
from dask.distributed import Client, LocalCluster

dask.config.set({'dataframe.query-planning': False})

# 将 10.0.0.3:8786 更换为你的 Scheduler 地址
# 如果没有 Dask 集群，可以使用 LocalCluster
# client = Client(LocalCluster())
client = Client("10.0.0.3:8786")
```

```
ddf = dask.datasets.timeseries(
        start="2024-01-01",
        end="2024-07-01",
        dtypes={"x": float, "y": float},
        freq="1 h",
    )

%%time
with dask.config.set({"dataframe.shuffle.method": "p2p"}):
    shuffled = ddf.shuffle(on="x")
    shuffled.compute()
```

运行结果如图 4.33 所示。

```
CPU times: user 138 ms, sys: 19 ms, total: 157 ms
Wall time: 5.58 s
```

图 4.33　运行结果 27

```
%%time
with dask.config.set({"dataframe.shuffle.method": "tasks"}):
    shuffled = ddf.shuffle(on="x")
    shuffled.compute()
```

运行结果如图 4.34 所示。

```
CPU times: user 136 ms, sys: 8.48 ms, total: 144 ms
Wall time: 15.8 s
```

图 4.34　运行结果 28

4.4.2　数据重分布

Dask DataFrame 提供了三种数据重分布方法：set_index()、repartition()和 shuffle()，这三种方法都可能在全局层面对数据进行重分布。表 4.3 对这三种方法进行了总结。

表 4.3　Dask 三种数据重分布方法

方 法 名	用　　途	是否修改索引	是否可以修改分区数量
DataFrame.set_index()	修改索引列，加速后续基于索引列的计算	是	是
DataFrame.repartition()	修改分区数量，多用于数据倾斜场景	否	是
DataFrame.shuffle()	将相同的值归结到同一个分区	否	是

在 4.2 节中，我们提到过 set_index()可以将某个字段设置为索引列，后续的一系列计算将高度依赖这个字段，从而显著加速后续的计算。repartition()主要用于解决数据倾斜的问题，即当某些分区上的数据量过大时，可能导致内存不足。

4.4.3 案例分析：groupby

下面以 groupby(by=key).sum()为例，了解其背后的 Shuffle 过程。图 4.35 展示了计算过程，主要包括三个阶段：分组（Split）、组内聚合（Apply Aggregation，例如 sum）和组间聚合（Combine）。

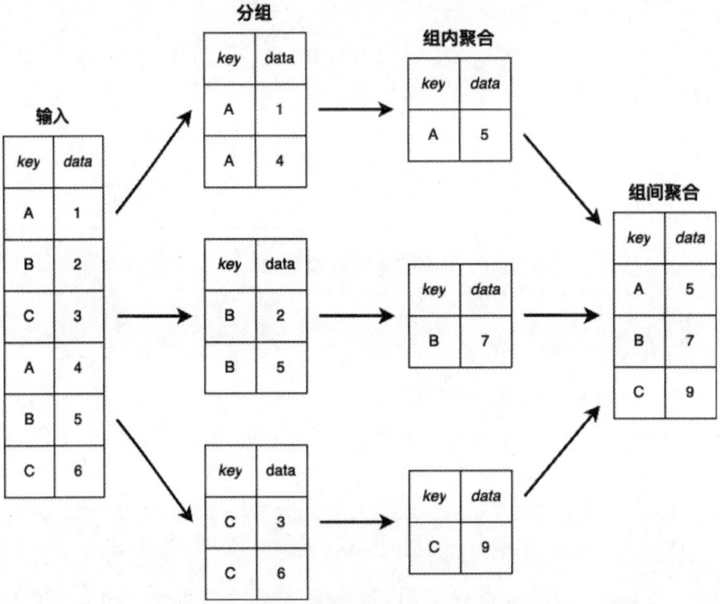

图 4.35 DataFrame groupby 示意图

在分布式场景下，不同的数据分布在不同的分区，涉及 Shuffle 的阶段包括：

- 分组：按照 by 指定的分组字段进行分组，相同的分组字段被分到一起，这一阶段涉及大量 Shuffle 操作。
- 组内聚合：组内聚合的 Shuffle 操作相对比较少。
- 组间聚合：组间聚合的 Shuffle 操作相对比较少。

根据 Shuffle 操作的数量，不难得出以下结论：

- groupby(by=indexed_columns).agg()和 groupby(by=indexed_columns).apply(user_def_fn)性能最好。其中 indexed_columns 指的是分组字段 by 是索引列(如 4.2 节中 set_index 的列)；agg 指的是 Dask DataFrame 提供的内置聚合方法，如 sum、mean 等。因为 indexed_columns

已经排序，所以可以快速进行分组和数据分发。

- groupby(by=non_indexed_columns).agg()涉及的数据交换量相对较大，尽管 Dask 官方提供的 agg 方法已经进行了一些优化。
- groupby(by=non_indexed_columns).apply(user_def_fn)的成本最高。它既要对所有数据进行交换，又要执行用户自定义的函数，而用户自定义函数的效率通常低于 Dask 官方的方法。

4.5　基于 Dask 的数据分析案例

本节将介绍两个基于 Dask 的数据分析案例。首先，我们将导入必要的包，并创建 Dask 集群。

```
import os

import matplotlib.pyplot as plt
%matplotlib inline
import dask.dataframe as dd
from dask.distributed import LocalCluster, Client
import pandas as pd

pd.options.mode.chained_assignment = None
cluster = LocalCluster()
client = Client(cluster)
```

4.5.1　案例：自行车数据分析

Citi Bike 数据集提供了纽约市自行车共享系统的详细骑行记录，包括骑行 ID、骑行类型、起止时间、起止站点、经纬度和用户类型等信息，用于分析、开发和可视化等多种用途。

我们先读取数据：Citi Bike 数据集由多个 CSV 文件组成，每个文件对应一个月份。Dask 可以用通配符“*”直接读取多个 CSV 文件。

```
import sys
sys.path.append("..")
from utils import citi_bike

bike_path = citi_bike()
ddf: dd.DataFrame = dd.read_csv(os.path.join(bike_path, "*.csv"))

ddf.head()
```

运行结果如图 4.36 所示。

	ride_id	rideable_type	started_at	ended_at	start_station_name
0	0905B18B365C9D20	classic_bike	2023-01-28 09:18:10	2023-01-28 09:28:52	Hoboken Terminal - Hudson St & Hudson Pl
1	B4F0562B05CB5404	electric_bike	2023-01-23 20:10:12	2023-01-23 20:18:27	Hoboken Terminal - Hudson St & Hudson Pl
2	5ABF032895F5D87E	classic_bike	2023-01-29 15:27:04	2023-01-29 15:32:38	Hoboken Terminal - Hudson St & Hudson Pl
3	E7E1F9C53976D2F9	classic_bike	2023-01-24 18:35:08	2023-01-24 18:42:13	Hoboken Terminal - Hudson St & Hudson Pl
4	323165780CA0734B	classic_bike	2023-01-21 20:44:09	2023-01-21 20:48:08	Hamilton Park

图 4.36　运行结果 29

接下来，对数据进行预处理，包括数据格式转换和数据清洗等。在这里，我们使用 map_partitions()并行处理每个分区中的数据，根据每个行程的经纬度、起始时间和结束时间计算平均速度。

```
def preprocess(df: dd.DataFrame):
    df["started_at"] = dd.to_datetime(df["started_at"], errors="coerce")
    df["ended_at"] = dd.to_datetime(df["ended_at"], errors="coerce")
    df["trip_duration"] = (df["ended_at"] -
df["started_at"]).dt.total_seconds() / 60
    df = df[df["trip_duration"] > 0]

    df["year"] = df["started_at"].dt.year
    df["month"] = df["started_at"].dt.month
    df["day"] = df["started_at"].dt.day
    df["hour"] = df["started_at"].dt.hour

    # 计算速度
    df["distance"] = (
        (df["end_lat"] - df["start_lat"]) ** 2 + (df["end_lng"] -
df["start_lng"]) ** 2
    ) ** 0.5
    df["speed"] = df["distance"] / df["trip_duration"]

    df.dropna()
    return df
```

```
ddf = ddf.map_partitions(preprocess)
```

下面对不同骑行类型的平均速度进行可视化。再次提醒，由于 Dask 的延迟执行特性，对数据进行操作后，需要使用 compute()来触发计算。

```
avg_speed_by_type = ddf.groupby('rideable_type')['speed'].mean().compute()
avg_speed_by_type.plot(kind='bar', title='Average Speed by Rideable Type')
plt.xlabel('Rideable Type')
plt.ylabel('Average Speed (units/minute)')
plt.show()
```

运行结果如图 4.37 所示。

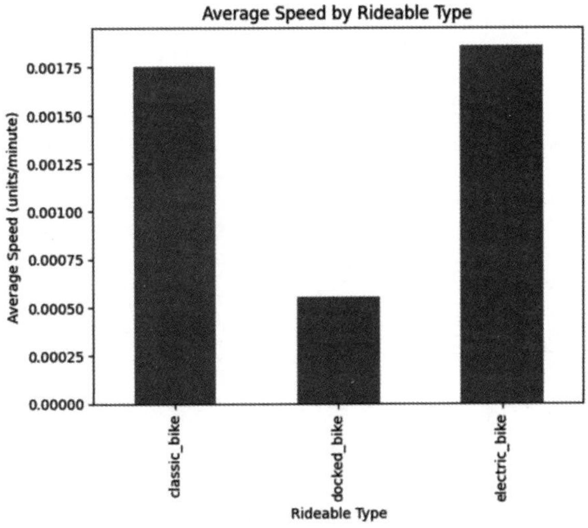

图 4.37 运行结果 30

接下来，使用 groupby()对数据进行分组，并使用 count()、sort_values()、mean()等函数对数据进行相应的处理。

```
def process_data(df: dd.DataFrame):
    # 按起始站分组的总行程数
    total_rides_by_start_station = (
        df.groupby("start_station_name")["ride_id"].count().compute()
    )
    print("按起始站分组的总行程数:")
    print(total_rides_by_start_station.head())

    # 对起始站分组的数据进行排序
    sorted_trips_by_start_station = total_rides_by_start_station
.sort_values(
```

```
        ascending=False
    )
    print("\n 按总行程数降序排序的起始站:")
    print(sorted_trips_by_start_station.head())

    # 按月份和骑行类型分组的平均行程时长
    trip_duration_by_member_and_month = (
        df.groupby(["month",
"rideable_type"])["trip_duration"].mean().compute()
    )
    print("\n 按月份和骑行类型分组的平均行程时长:")
    print(trip_duration_by_member_and_month)

    return trip_duration_by_member_and_month

trip_duration_by_member_and_month = process_data(ddf)
```

运行结果如图 4.38 所示。

```
按起始站分组的总行程数:
start_station_name
11 St & Washington St                4688
12 St & Sinatra Dr N                 3334
14 St Ferry - 14 St & Shipyard Ln    4100
4 St & Grand St                      2826
5 Corners Library                     938
Name: ride_id, dtype: int64

按总行程数降序排序的起始站:
start_station_name
Grove St PATH                                   12649
Hoboken Terminal - River St & Hudson Pl         12151
South Waterfront Walkway - Sinatra Dr & 1 St     8509
Hoboken Terminal - Hudson St & Hudson Pl         7281
City Hall - Washington St & 1 St                 6503
Name: ride_id, dtype: int64
```

```
按月份和骑行类型分组的平均行程时长:
month  rideable_type
1      classic_bike      10.560105
       docked_bike      134.876000
       electric_bike     15.283021
2      classic_bike       9.565480
       docked_bike      192.740067
       electric_bike     11.009021
3      classic_bike      10.081960
       docked_bike      105.768713
       electric_bike     12.169278
4      classic_bike      12.316335
       docked_bike      122.971542
       electric_bike     12.398595
Name: trip_duration, dtype: float64
```

图 4.38　运行结果 31

下面对按月份和骑行类型分组的平均行程时长进行可视化。

```
def plot_data(df):
    df.unstack().plot(kind="bar", stacked=True)
    plt.title("Average Trip Duration by Month and Rideable Type")
    plt.xlabel("Month")
    plt.ylabel("Average Trip Duration (minutes)")
    plt.legend(title="Rideable Type")
    plt.show()

plot_data(trip_duration_by_member_and_month)
```

运行结果如图 4.39 所示。

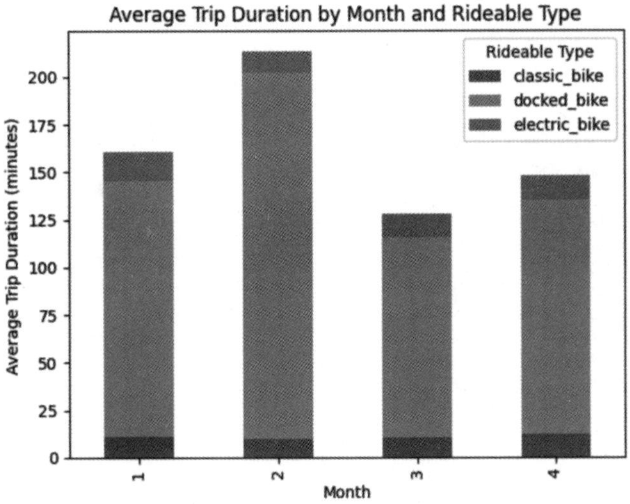

图 4.39 运行结果 32

我们再尝试加入新数据，使用 concat()进行数据的合并和连接，并用相同的方法对合并后的数据进行处理。

```
from utils import more_citi_bike

bike_path2 = more_citi_bike()
ddf2: dd.DataFrame = dd.read_csv(os.path.join(bike_path2, "*.csv"))

ddf2 = ddf2.map_partitions(preprocess)

concatenated_ddf = dd.concat([ddf, ddf2], axis=0)
```

```
trip_duration_by_member_and_month2 = process_data(concatenated_ddf)
```

运行结果如图 4.40 所示。

```
按起始站分组的总行程数:
start_station_name
11 St & Washington St                  9190
12 St & Sinatra Dr N                   6934
14 St Ferry - 14 St & Shipyard Ln      7830
4 St & Grand St                        5703
5 Corners Library                      1745
Name: ride_id, dtype: int64

按总行程数降序排序的起始站:
start_station_name
Hoboken Terminal - River St & Hudson Pl          23356
Grove St PATH                                    23034
Hoboken Terminal - Hudson St & Hudson Pl         13792
South Waterfront Walkway - Sinatra Dr & 1 St     13727
City Hall - Washington St & 1 St                 11791
Name: ride_id, dtype: int64
```

```
按月份和骑行类型分组的平均行程时长:
month  rideable_type
1      classic_bike      10.560105
       docked_bike      134.876000
       electric_bike     15.283021
2      classic_bike       9.565480
       docked_bike      192.740067
       electric_bike     11.009021
3      classic_bike      10.081960
       docked_bike      105.768713
       electric_bike     12.169278
4      classic_bike      12.316335
       docked_bike      122.971542
       electric_bike     12.398595
10     classic_bike      11.750429
       electric_bike     16.112951
11     classic_bike       9.647373
       electric_bike     10.886656
12     classic_bike       9.715068
       electric_bike     10.103621
Name: trip_duration, dtype: float64
```

图 4.40　运行结果 33

同样地，进行可视化：

```
plot_data(trip_duration_by_member_and_month2)
```

运行结果如图 4.41 所示。

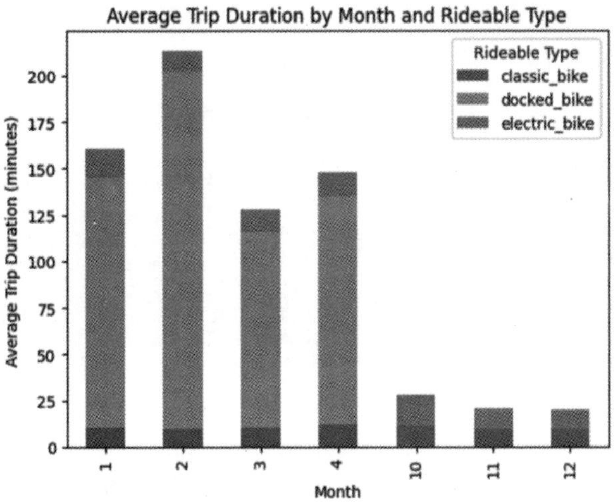

图 4.41　运行结果 34

最后尝试建立数据透视表并进行数据可视化。

```
# 将 rideable_type 列转换为类别类型
concatenated_ddf["rideable_type"] =
concatenated_ddf["rideable_type"].astype("category")
concatenated_ddf = concatenated_ddf.categorize(columns=["rideable_type"])

# 创建数据透视表
pivot_table = concatenated_ddf.pivot_table(
    index="start_station_name",
    columns="rideable_type",
    values="trip_duration",
    aggfunc="mean",
).compute()

print("数据透视表:")
print(pivot_table)

# 可视化数据透视表
pivot_table.plot(kind="bar", figsize=(10, 5))
plt.title("Average Trip Duration by Start Station and Rideable Type")
plt.xlabel("Start Station Name")
plt.ylabel("Average Trip Duration (minutes)")
plt.legend(title="Rideable Type")
plt.tight_layout()
plt.show()
```

运行结果如图 4.42 所示。

```
数据透视表:
rideable_type                     classic_bike  docked_bike  electric_bike
start_station_name
11 Ave & W 27 St                     16.583333          NaN            NaN
11 St & Washington St                 9.993954    20.685897       9.397788
12 St & Sinatra Dr N                 14.230417    38.415351      13.857875
14 St Ferry - 14 St & Shipyard Ln    13.091936   198.055702      15.262149
2 Ave & E 29 St                       7.983333          NaN            NaN
...                                        ...          ...            ...
Warren St                            10.612448    52.636364      11.075977
Washington St                        12.518832   130.303125      11.796525
Washington St & Gansevoort St         3.750000          NaN            NaN
Willow Ave & 12 St                   10.836851    20.166667      11.164558
York St & Marin Blvd                 11.622333    54.966667      25.448760

[161 rows x 3 columns]
```

图 4.42　运行结果 35

4.5.2　案例：人口普查信息

该数据集包含人口统计信息和收入水平的记录，包括年龄、工作类型、教育水平、婚姻状况、职业、种族、性别、每周工作小时数和收入等信息。

我们先读取数据：

```
from utils import adult
import seaborn as sns

file_path = adult()
columns = [
    "age",
    "workclass",
    "fnlwgt",
    "education",
    "education-num",
    "marital-status",
    "occupation",
    "relationship",
    "race",
    "sex",
    "capital-gain",
    "capital-loss",
    "hours-per-week",
    "native-country",
    "income",
]
```

```
adult_ddf: dd.DataFrame = dd.read_csv(
    os.path.join(file_path, "adult.data"), names=columns, header=None
)

adult_ddf.head()
```

运行结果如图 4.43 所示。

	age	workclass	fnlwgt	education	education-num	marital-status	occupation	relationship
0	39	State-gov	77516	Bachelors	13	Never-married	Adm-clerical	Not-in-family
1	50	Self-emp-not-inc	83311	Bachelors	13	Married-civ-spouse	Exec-managerial	Husband
2	38	Private	215646	HS-grad	9	Divorced	Handlers-cleaners	Not-in-family
3	53	Private	234721	11th	7	Married-civ-spouse	Handlers-cleaners	Husband
4	28	Private	338409	Bachelors	13	Married-civ-spouse	Prof-specialty	Wife

图 4.43 运行结果 36

下面我们将对数据进行简单的预处理，包括类别类型转换和缺失值处理。

```
categorical_columns = [
    "workclass",
    "education",
    "marital-status",
    "occupation",
    "relationship",
    "race",
    "sex",
    "native-country",
    "income",
]

numeric_columns = [
    "age",
    "fnlwgt",
    "education-num",
    "capital-gain",
    "capital-loss",
```

```
    "hours-per-week",
]


def preprocess(ddf: dd.DataFrame):
    # 转换必要的列为类别类型
    for col in categorical_columns:
        ddf[col] = ddf[col].astype("category")

    return ddf.dropna()


adult_ddf = adult_ddf.map_partitions(preprocess)

adult_ddf.describe().compute()
```

运行结果如图 4.44 所示。

	age	fnlwgt	education-num	capital-gain	capital-loss
count	32561.000000	3.256100e+04	32561.000000	32561.000000	32561.000000
mean	38.581647	1.897784e+05	10.080679	1077.648844	87.303830
std	13.640433	1.055500e+05	2.572720	7385.292085	402.960219
min	17.000000	1.228500e+04	1.000000	0.000000	0.000000
25%	28.000000	1.178270e+05	9.000000	0.000000	0.000000
50%	37.000000	1.783560e+05	10.000000	0.000000	0.000000
75%	48.000000	2.370510e+05	12.000000	0.000000	0.000000
max	90.000000	1.484705e+06	16.000000	99999.000000	4356.000000

图 4.44　运行结果 37

再绘制散点图矩阵，以探究收入 income 与其余定量变量之间的关系。

```
plt.figure(figsize=(10, 10))
sns.pairplot(
    adult_ddf.compute(),
    vars=numeric_columns,
    hue="income",
    palette="Set1",
    plot_kws={"alpha": 0.5},
)
plt.suptitle("Scatterplot Matrix by Income", y=1.02)
```

```
plt.show()
```

运行结果如图 4.45 所示。

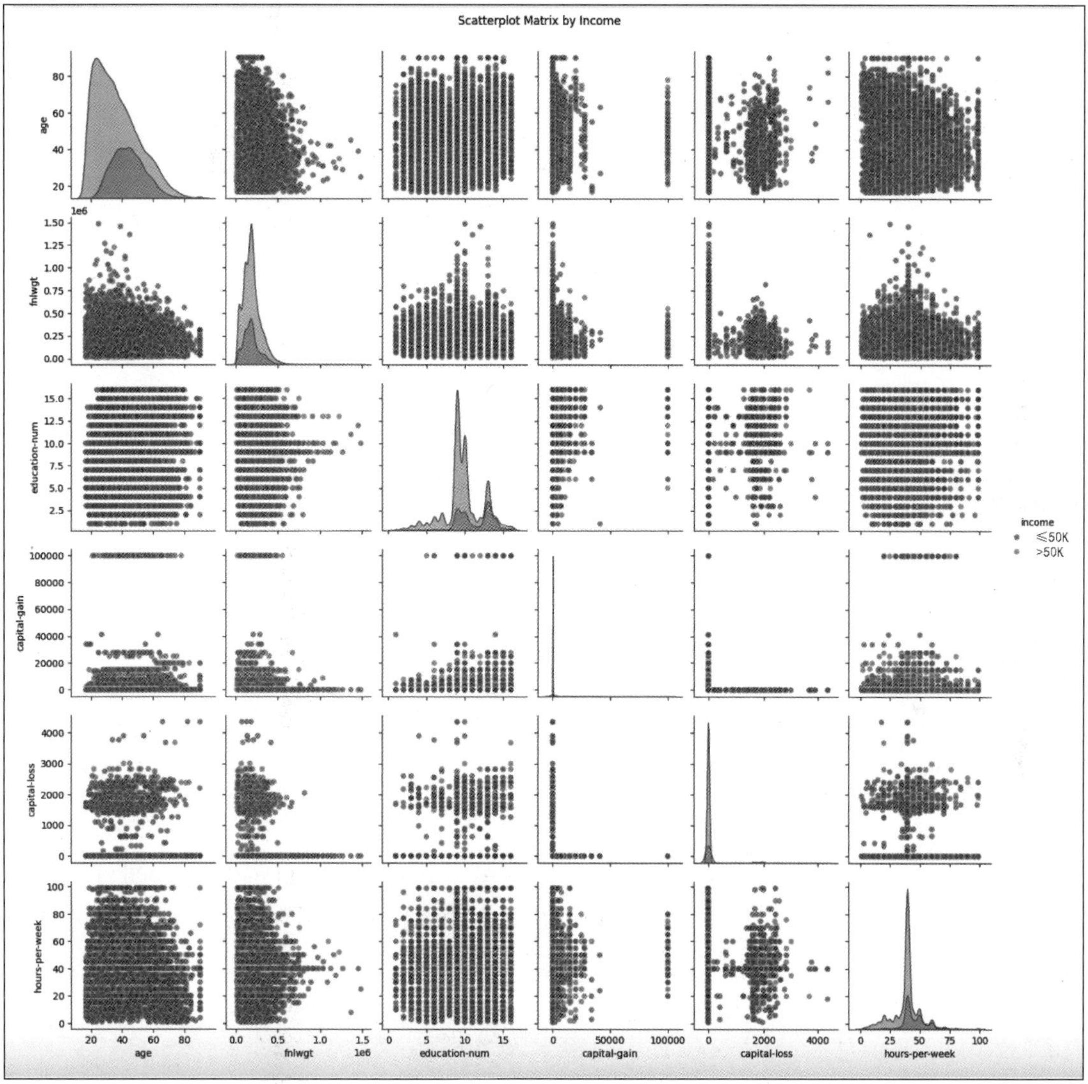

图 4.45　运行结果 38

结果发现，除年龄（age）外，其他因素在收入小于或等于 50K 和大于 50K 的群体之间差异不大。因此，我们接下来探究年龄与收入之间的关系。

接下来，我们使用 groupby()函数探究在不同教育程度（education）条件下，年龄与收入的差异。

```
# 按教育程度和收入分组，计算平均年龄
```

```
    education_income_age = (
        adult_ddf.groupby(["education",
"income"])["age"].mean().reset_index().compute()
    )

    plt.figure(figsize=(10, 5))
    sns.barplot(
        data=education_income_age, x="education", y="age", hue="income",
palette="Set1"
    )
    plt.xticks(rotation=45)
    plt.title("Average Age by Education Level and Income")
    plt.xlabel("Education Level")
    plt.ylabel("Average Age")
    plt.legend(title="Income")
    plt.tight_layout()
    plt.show()
```

运行结果如图 4.46 所示。

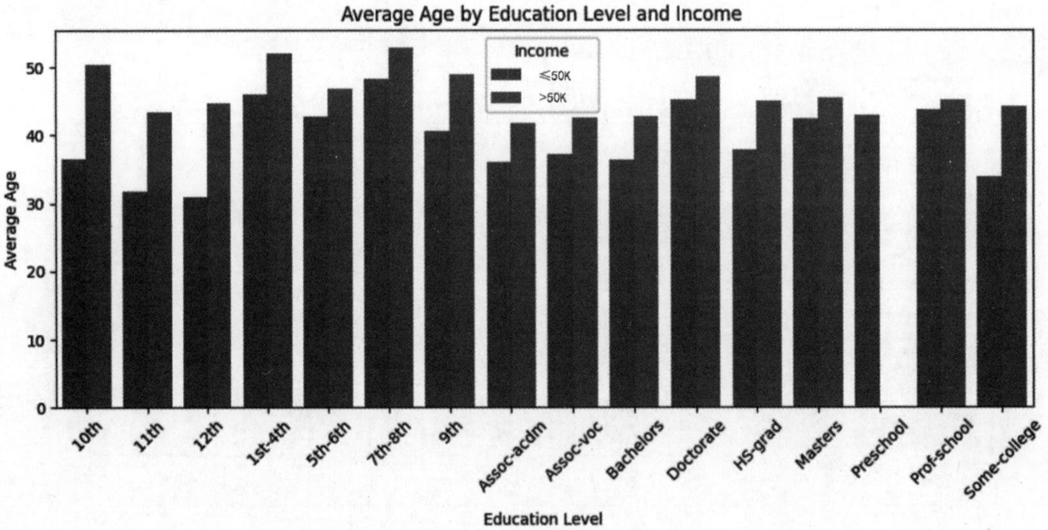

图 4.46　运行结果 39

结果显示，无论教育程度如何，收入大于 50K 的人群的平均年龄均偏高，主要集中在 40~50 岁。

接下来，我们将探究在更具体的教育年数 education_num 下，年龄与收入之间的关系。

```
    # 探究教育年数与收入之间的关系
    plt.figure(figsize=(10, 5))
    sns.boxplot(
        data=adult_ddf.compute(), x="education-num", y="age", hue="income",
palette="Set1"
    )
    plt.title("Age Distribution by Education Number and Income")
    plt.xlabel("Years of Education")
    plt.ylabel("Age")
    plt.legend(title="Income")
    plt.tight_layout()
    plt.show()

    # 按教育年数和收入分组，计算平均年龄
    education_num_income_age = (
        adult_ddf.groupby(["education-num",
"income"])["age"].mean().reset_index().compute()
    )

    plt.figure(figsize=(10, 5))
    sns.lineplot(
        data=education_num_income_age,
        x="education-num",
        y="age",
        hue="income",
        marker="o",
        palette="Set1",
    )
    plt.title("Average Age by Years of Education and Income")
    plt.xlabel("Years of Education")
    plt.ylabel("Average Age")
    plt.legend(title="Income")
    plt.tight_layout()
    plt.show()
```

运行结果如图 4.47 所示。

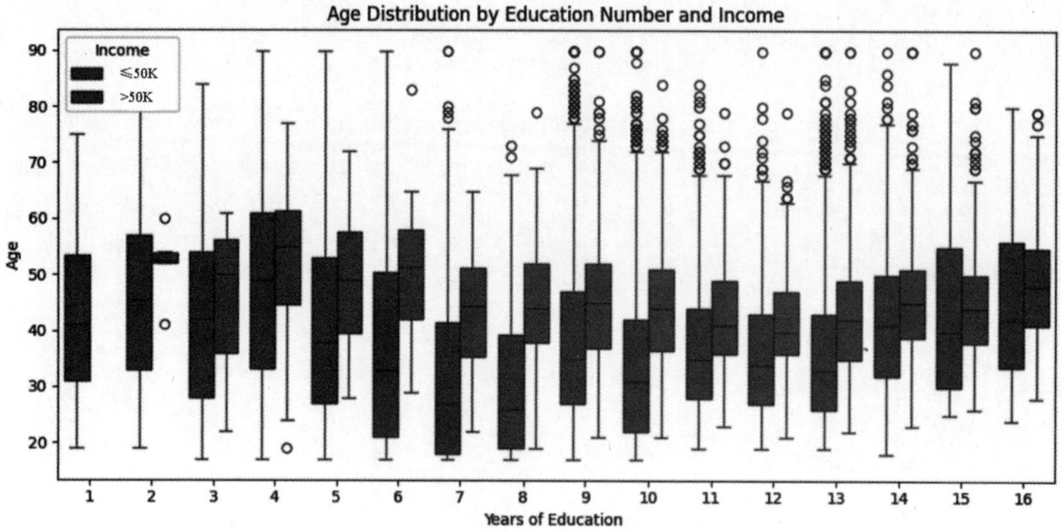

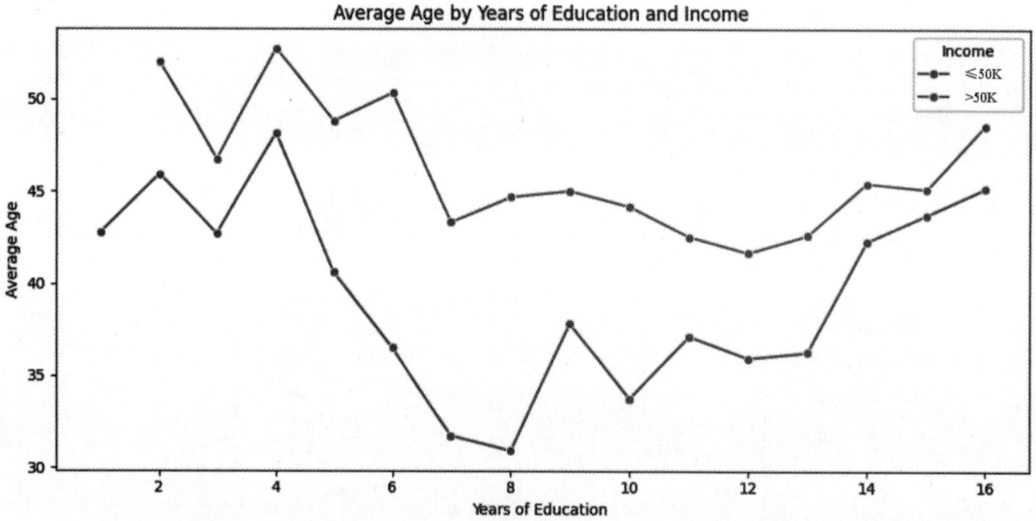

图 4.47　运行结果 40

结果显示，随着教育年数的增加，收入大于 50K 的个体年龄的中位数和均值都逐渐上升，但两组之间的差异逐渐减小。

最后，我们将探究不同教育程度与平均时薪之间的关系。需要对数据进行进一步处理，以计算出平均时薪。

```
def calc_avg_income(df):
    df["net_capital_gain"] = df["capital-gain"] - adult_ddf["capital-loss"]
```

```
    df = df[df["net_capital_gain"] != 0]
    df["hourly_wage"] = df["net_capital_gain"] / df["hours-per-week"]

    return df


adult_ddf = calc_avg_income(adult_ddf)
# 按教育程度和收入分组，计算平均时薪
education_income_wage = (
    adult_ddf.groupby(["education", "income"])["hourly_wage"]
    .mean()
    .reset_index()
    .compute()
)

plt.figure(figsize=(10, 5))
sns.barplot(
    data=education_income_wage,
    x="education",
    y="hourly_wage",
    hue="income",
    palette="Set1",
)
plt.xticks(rotation=45)
plt.title(
    "Average Hourly Wage by Education Level and Income (Non-zero Net Capital
Gain)"
)
plt.xlabel("Education Level")
plt.ylabel("Average Hourly Wage")
plt.legend(title="Income")
plt.tight_layout()
plt.show()
```

运行结果如图 4.48 所示。

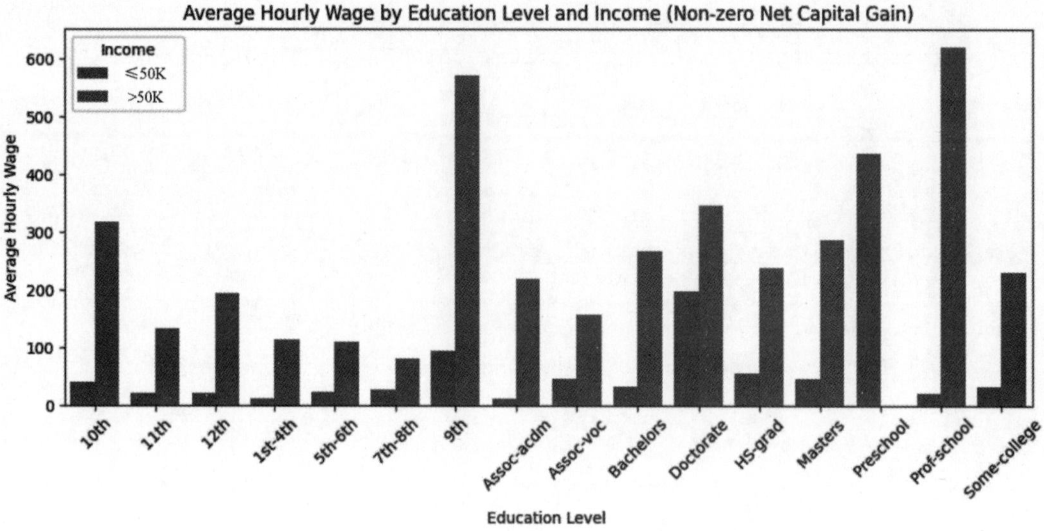

图 4.48 运行结果 41

结果显示，在低教育程度的人群中，收入大于 50K 的个体的平均时薪远高于收入小于或等于 50K 的个体。随着教育程度的增加，收入大于 50K 和收入小于或等于 50K 的个体之间的时薪差距依然明显，但在高等教育程度中，这种差距显著缩小。然而，收入大于 50K 的个体的平均时薪依然高于收入小于或等于 50K 的个体。

总体而言，教育程度对收入的影响显著，不同教育程度下的个体平均时薪差异明显。特别是对于收入大于 50K 的个体，其平均时薪随着教育程度的提升而显著增加。

第 5 章

Dask 机器学习

本章将聚焦于 Dask 机器学习，主要介绍 Dask-ML 等库的使用。Dask-ML 基于 Dask 的分布式计算能力，转为机器学习应用设计，可以无缝对接 Scikit-learn、XGBoost 等机器学习库。相比之下，Dask-ML 更适合传统机器学习的训练和推理，例如回归和决策树等，而深度学习相关的训练和推理则更多基于 PyTorch 或 TensorFlow 等框架。

总结起来，Dask 和 Dask-ML 适用的场景包括以下几类：

- 原始数据无法放到单机内存中，需要进行分布式数据预处理和特征工程。
- 训练数据和模型可放到单机内存中，但超参数调优需要多机并行。
- 训练数据无法放到单机内存中，需要进行分布式训练。

一方面，Dask 社区主要集中在 Dask DataFrame 的开发上，对于 Dask-ML 以及分布式训练的优化投入相对较少；另一方面，深度学习已经对传统机器学习算法产生了显著影响，而 Dask 在设计之初并未专门针对深度学习场景。读者在阅读本章并了解 Dask 在机器学习方面的能力之后，可以根据个人的实际需求选择最适合的框架。

5.1 数据预处理

在 2.1 节中提到，数据科学工作的核心在于理解数据和处理数据。Dask 能够将许多单机任务扩展到集群上执行，并与 Python 社区中的数据可视化等库结合，以完成探索性数据分析。

在分布式数据预处理方面，更多地依赖于 Dask DataFrame 和 Dask Array 的功能，这一点在此不再赘述。

在特征工程部分，Dask-ML 实现了许多 sklearn.preprocessing 的 API，例如 MinMaxScaler。对于 Dask 来说，一个稍有不同的地方是其独热编码的实现。截至本书写作时，Dask 使用 DummyEncoder 对类别特征进行独热编码，DummyEncoder 是 Scikit-learn 中 OneHotEncoder 的 Dask 替代品。我们将在 5.2 节展示一个关于类别特征的案例。

5.2 超参数调优

我们可以使用 Dask 进行超参数调优，主要有两种方法：

- 基于 Scikit-learn 的 joblib 后端，将多个超参数调优任务分布到 Dask 集群上。
- 使用 Dask-ML 提供的超参数调优 API。

这两种方法都适用于训练数据量能够放入单机内存中的情况。

5.2.1 Scikit-learn joblib

单机的 Scikit-learn 提供了丰富且易于使用的模型训练和超参数调优接口。它默认使用 joblib 来实现单机多核之间的并行处理。例如，随机搜索和网格搜索等超参数调优任务很容易并行执行，因为这些任务之间没有依赖关系，所以易于并行执行。

案例：飞机延误预测（Scikit-learn）

下面展示一个基于 Scikit-learn 的机器学习分类案例，我们使用 Scikit-learn 提供的网格搜索进行超参数调优。

```
import os

import sys
sys.path.append("..")
from utils import nyc_flights

import numpy as np
import pandas as pd

folder_path = nyc_flights()
file_path = os.path.join(folder_path, "1991.csv")

input_cols = [
    "Year",
    "Month",
    "DayofMonth",
    "DayOfWeek",
    "CRSDepTime",
    "CRSArrTime",
    "UniqueCarrier",
    "FlightNum",
    "ActualElapsedTime",
    "Origin",
```

```
        "Dest",
        "Distance",
        "Diverted",
        "ArrDelay",
    ]

    df = pd.read_csv(file_path, usecols=input_cols)
    df = df.dropna()

    # 预测是否延误
    df["ArrDelayBinary"] = 1.0 * (df["ArrDelay"] > 10)

    df = df[df.columns.difference(["ArrDelay"])]

    # 将 Dest/Origin/UniqueCarrier 等字段转换为 category 类型
    for col in df.select_dtypes(["object"]).columns:
        df[col] = df[col].astype("category").cat.codes.astype(np.int32)

    for col in df.columns:
        df[col] = df[col].astype(np.float32)

    from sklearn.linear_model import SGDClassifier

    from sklearn.model_selection import GridSearchCV as SkGridSearchCV
    from sklearn.model_selection import train_test_split as sk_train_test_split

    _y_label = "ArrDelayBinary"
    X_train, X_test, y_train, y_test = sk_train_test_split(
        df.loc[:, df.columns != _y_label],
        df[_y_label],
        test_size=0.25,
        shuffle=False,
    )

    model = SGDClassifier(penalty='elasticnet', max_iter=1_000, warm_start=True,
loss='log_loss')
    params = {'alpha': np.logspace(-4, 1, num=81)}

    sk_grid_search = SkGridSearchCV(model, params)
```

在进行超参数搜索时，只需添加 with joblib.parallel_config('dask'):，即可将网格搜索计算任务扩展到 Dask 集群。

```
import joblib
from dask.distributed import Client, LocalCluster

# 修改为你的 Dask Scheduler IP 地址
client = Client("10.0.0.3:8786")

with joblib.parallel_config('dask'):
    sk_grid_search.fit(X_train, y_train)
```

使用 score()方法查看模型的准确度：

```
sk_grid_search.score(X_test, y_test)
```

运行结果如图 5.1 所示。

```
0.7775224665166276
```

图 5.1　运行结果 1

5.2.2　Dask-ML API

前面介绍了基于 Scikit-learn 的超参数调优。整个流程中，只需要修改 joblib.parallel_config('dask')，计算任务就会被分发到 Dask 集群上。

Dask-ML 自身也实现了一些超参数调优的 API，除了提供与 Scikit-learn 对应的 GridSearchCV、RandomizedSearchCV 等算法外，还提供了连续减半算法、Hyperband 算法等，例如 SuccessiveHalvingSearchCV 和 HyperbandSearchCV。

案例：飞机延误预测（Dask-ML）

下面展示一个基于 Dask-ML 的 Hyperband 超参数调优案例。

Dask-ML 的超参数调优算法要求输入为 Dask DataFrame 或 Dask Array 等可切分的数据，而非 Pandas DataFrame，因此数据预处理部分需要改为 Dask 格式。

值得注意的是，Dask-ML 提供的 SuccessiveHalvingSearchCV 和 HyperbandSearchCV 等算法要求模型必须支持 partial_fit()和 score()。partial_fit()是 Scikit-learn 中迭代式算法（例如梯度下降法）的一次迭代过程。连续减半算法和 Hyperband 算法首先分配一些算力额度，而不是完成试验的所有迭代，而是进行有限次数的迭代（对 partial_fit()调用有限次数），然后评估性能（在验证集上调用 score()方法），淘汰性能较差的试验。

```
import dask.dataframe as dd

input_cols = [
    "Year",
```

```
    "Month",
    "DayofMonth",
    "DayOfWeek",
    "CRSDepTime",
    "CRSArrTime",
    "UniqueCarrier",
    "FlightNum",
    "ActualElapsedTime",
    "Origin",
    "Dest",
    "Distance",
    "Diverted",
    "ArrDelay",
]

ddf = dd.read_csv(file_path, usecols=input_cols,)

# 预测是否延误
ddf["ArrDelayBinary"] = 1.0 * (ddf["ArrDelay"] > 10)

ddf = ddf[ddf.columns.difference(["ArrDelay"])]
ddf = ddf.dropna()
ddf = ddf.repartition(npartitions=8)
```

另外，Dask 处理类型变量时与 Pandas/Scikit-learn 稍有不同，我们需要：

- 将该特征转换为 category 类型。例如，可以使用 Dask DataFrame 的 categorize()方法，或者使用 Dask-ML 的 Categorizer 预处理器。
- 进行独热编码。在 Dask-ML 中，DummyEncoder 用于对类别特征进行独热编码，它是 Scikit-learn 中 OneHotEncoder 的 Dask 版本。

```
from dask_ml.preprocessing import DummyEncoder

dummy = DummyEncoder()
ddf = ddf.categorize(columns=["Dest", "Origin", "UniqueCarrier"])
dummified_ddf = dummy.fit_transform(ddf)
```

使用 Dask-ML 的 train_test_split 方法切分训练集和测试集：

```
from dask_ml.model_selection import train_test_split as dsk_train_test_split

_y_label = "ArrDelayBinary"
X_train, X_test, y_train, y_test = dsk_train_test_split(
```

```
    dummified_ddf.loc[:, dummified_ddf.columns != _y_label],
    dummified_ddf[_y_label],
    test_size=0.25,
    shuffle=False,
)
```

定义模型和搜索空间的方式与 Scikit-learn 类似，然后调用 Dask-ML 的 HyperbandSearchCV 进行超参数调优。

```
from dask_ml.model_selection import HyperbandSearchCV

# client = Client(LocalCluster())
model = SGDClassifier(penalty='elasticnet', max_iter=1_000, warm_start=True,
loss='log_loss')
params = {'alpha': np.logspace(-4, 1, num=30)}

dsk_hyperband = HyperbandSearchCV(model, params, max_iter=243)
dsk_hyperband.fit(X_train, y_train, classes=[0.0, 1.0])
```

运行结果如图 5.2 所示。

```
HyperbandSearchCV
HyperbandSearchCV(estimator=SGDClassifier(loss='log_loss', penalty='elasticnet',
                                          warm_start=True),
                  max_iter=243,
                  parameters={'alpha': array([1.00000000e-04, 1.48735211e-04, 2.21221629e-04,
       4.89390092e-04, 7.27895384e-04, 1.08263673e-03, 1.61026203e-03,
       2.39502662e-03, 3.56224789e-03, 5.29831691e-03, 7.88046282e-03,
       1.17210230e-02, 1.74332882e-02, 2.59294380e-02, 3.85662042e-02,
       5.73615251e-02, 8.53167852e-02, 1.26896100e-01, 1.88739182e-01,
       2.80721620e-01, 4.17531894e-01, 6.21016942e-01, 9.23670857e-01,
       1.37382380e+00, 2.04335972e+00, 3.03919538e+00, 4.52035366e+00,
       6.72335754e+00, 1.00000000e+01])})
estimator: SGDClassifier
SGDClassifier(loss='log_loss', penalty='elasticnet', warm_start=True)
SGDClassifier
SGDClassifier(loss='log_loss', penalty='elasticnet', warm_start=True)
```

图 5.2　运行结果 2

```
dsk_hyperband.score(X_test, y_test)
```

运行结果如图 5.3 所示。

```
0.8241373877422404
```

图 5.3　运行结果 3

本书还将介绍 Ray 的超参数调优功能。与 Dask 相比，Ray 在超参数调优方面的兼容性和功能完善度更高，读者可以根据自身需求选择最适合自己的框架。

5.3　分布式机器学习

如果训练数据量很大，Dask-ML 提供了分布式机器学习功能，使得可以在集群上对大数据进行训练。目前，Dask 提供了两类分布式机器学习 API。

- Scikit-learn 式：与 Scikit-learn 的调用方式类似。
- XGBoost 和 LightGBM 决策树式：与 XGBoost 和 LightGBM 的调用方式类似。

5.3.1　Scikit-learn API

基于 Dask Array、Dask DataFrame 和 Dask Delayed 提供的分布式计算能力，Dask-ML 参考了 Scikit-learn，对机器学习算法进行了分布式实现。例如，在 dask_ml.linear_model 中实现了线性回归（LinearRegression）、逻辑回归（LogisticRegression），以及在 dask_ml.cluster 中实现了 KMeans 聚类算法。Dask-ML 尽量保持这些机器学习算法的使用方法与 Scikit-learn 一致。

在一个由两个节点组成的 Dask 集群上使用 dask_ml.linear_model 中的线性模型。这个集群每个节点有 90GiB 内存，我们随机生成一个 37GiB 的数据集，并将其切分为训练集和测试集。

```
%config InlineBackend.figure_format = 'svg'
import time

import seaborn as sns
import pandas as pd

from dask.distributed import Client, LocalCluster

import dask_ml.datasets
import sklearn.linear_model
import dask_ml.linear_model
from dask_ml.model_selection import train_test_split

client = Client("10.0.0.3:8786")
client
```

运行结果如图 5.4 所示。

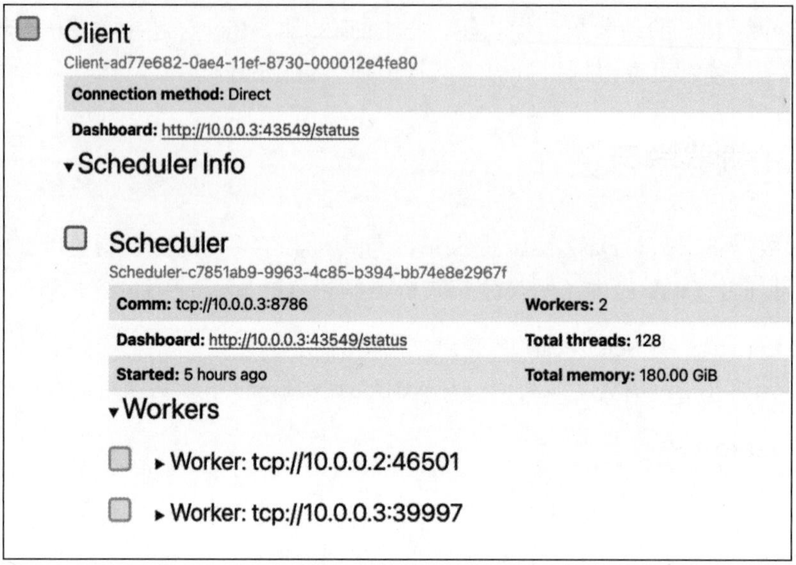

图 5.4　运行结果 4

```
X, y = dask_ml.datasets.make_classification(n_samples=10_000_000,
        n_features=500,
        random_state=42,
        chunks=10_000_000 // 100
)
X_train, X_test, y_train, y_test = train_test_split(X, y, random_state=0)
X
```

运行结果如图 5.5 所示。

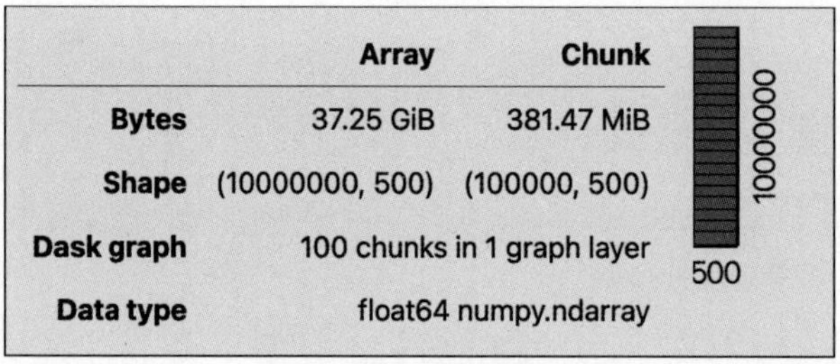

	Array	Chunk
Bytes	37.25 GiB	381.47 MiB
Shape	(10000000, 500)	(100000, 500)
Dask graph	100 chunks in 1 graph layer	
Data type	float64 numpy.ndarray	

图 5.5　运行结果 5

调用 fit()方法（与 Scikit-learn 类似）：

```
lr = dask_ml.linear_model.LogisticRegression(solver="lbfgs").fit(X_train,
y_train)
```

训练好的模型可以用来预测（使用 predict()方法），也可以计算准确度（使用 score()方法）。

```
y_predicted = lr.predict(X_test)
y_predicted[:5].compute()
```

运行结果如图 5.6 所示。

```
array([ True, False,  True,  True,  True])
```

图 5.6　运行结果 6

```
lr.score(X_test, y_test).compute()
```

运行结果如图 5.7 所示。

```
0.668674
```

图 5.7　运行结果 7

如果在单机的 Scikit-learn 上使用同样大小的数据训练模型，可能会因为内存不足而报错。

尽管 Dask-ML 这种分布式训练的 API 与 Scikit-learn 极其相似，但 Scikit-learn 只能使用单核，而 Dask-ML 可以使用多核甚至集群。这并不意味着在所有场景下都应该选择 Dask-ML，因为在某些情况下，Dask-ML 可能在性能或性价比方面不是最优的选择。这一点与 Dask DataFrame 和 Pandas 的关系类似：如果数据量能够放入单机内存，原生的 Pandas、NumPy 和 Scikit-learn 通常提供最佳的性能和兼容性。

下面的代码对不同规模的训练数据进行性能分析。在单机多核且数据量较小的场景下，Dask-ML 的性能可能并不比 Scikit-learn 高。原因有很多，包括：

- 许多机器学习算法是迭代式的。在 Scikit-learn 中，迭代式算法使用 Python 原生的 for 循环来实现; Dask-ML 参考了这种 for 循环，但在 Dask 的 Task Graph 中，for 循环会使 Task Graph 变得臃肿，执行效率较低。
- 分布式实现需要在不同进程间分发和收集数据，相比于单机单进程，额外增加了很多数据同步和通信开销。

读者也可以根据自己拥有的内存容量来测试一下性能。

```
num_sample = [500_000, 1_000_000, 1_500_000]
num_feature = 1_000
timings = []


for n in num_sample:
    X, y = dask_ml.datasets.make_classification(n_samples=n,
        n_features=num_feature,
        random_state=42,
        chunks=n // 10
```

```
    )
    t1 = time.time()
    sklearn.linear_model.LogisticRegression(solver="lbfgs").fit(X, y)
    timings.append(('Scikit-learn', n, time.time() - t1))
    t1 = time.time()
    dask_ml.linear_model.LogisticRegression(solver="lbfgs").fit(X, y)
    timings.append(('dask-ml', n, time.time() - t1))

df = pd.DataFrame(timings, columns=['method', '# of samples', 'time'])
sns.barplot(data=df, x='# of samples', y='time', hue='method')
```

运行结果如图 5.8 所示。

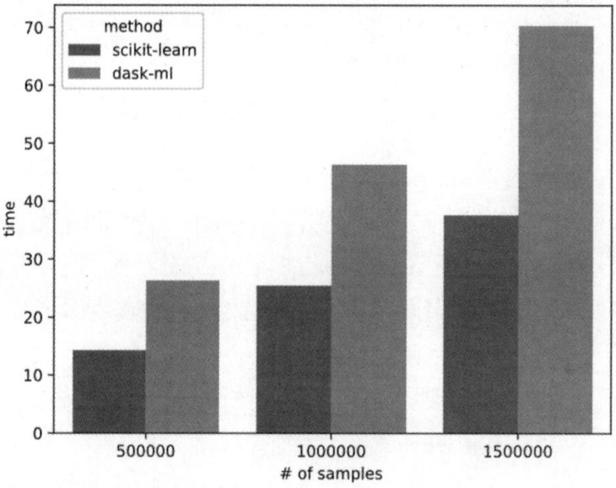

图 5.8　运行结果 8

可见，在逻辑回归这个场景上，相较于 Scikit-learn，Dask-ML 在单机多核上并无太大优势。而且许多传统机器学习算法对训练数据量的要求较低，随着训练数据的增加，传统的机器学习算法的性能不会显著增加。训练数据量和模型性能之间的关系可以通过学习曲线（Learning Curves）来可视化。例如，像朴素贝叶斯等算法的性能提升十分有限。如果某些机器学习算法无法进行分布式训练或分布式训练成本很高，可以考虑对训练数据进行采样，以确保数据量适应单机内存的限制，并使用 Scikit-learn 这种单机框架进行训练。

综上所述，面对超出单机内存的训练数据，我们需要根据问题的特点、所使用的算法、成本等多重因素来决定采用何种处理方式。

5.3.2　XGBoost 和 LightGBM

XGBoost 和 LightGBM 是两种决策树模型的实现，它们本身对分布式训练具有良好的支持，并且集成了 Dask 的分布式能力。下面以 XGBoost 为例，介绍 XGBoost 如何基于 Dask 实现分布式训练，LightGBM 的实现与之类似。

在 XGBoost 中，训练一个模型既可以使用 train()方法，也可以使用 Scikit-learn 式的 fit()方法。这两种方法都支持 Dask 的分布式训练。

下面的代码对单机的 XGBoost 和 Dask 分布式训练两种方式进行了性能对比。如果使用 Dask，用户需要将 xgboost.DMatrix 修改为 xgboost.dask.DaskDMatrix，xgboost.dask.DaskDMatrix 可以将分布式的 Dask Array 或 Dask DataFrame 转换为 XGBoost 所需的数据格式；用户还需要将 xgboost.train()修改为 xgboost.dask.train()，并传入 Dask 集群客户端（Client）。

```
import xgboost as xgb

num_sample = [100_000, 500_000]
num_feature = 1_000
xgb_timings = []

for n in num_sample:
    X, y = dask_ml.datasets.make_classification(n_samples=n,
        n_features=num_feature,
        random_state=42,
        chunks=n // 10
    )
    dtrain = xgb.DMatrix(X, y)
    t1 = time.time()
    xgb.train(
        {"tree_method": "hist", "objective": "binary:hinge"},
        dtrain,
        num_boost_round=4,
        evals=[(dtrain, "train")],
        verbose_eval=False,
    )
    xgb_timings.append(('xgboost', n, time.time() - t1))
    dtrain_dask = xgb.dask.DaskDMatrix(client, X, y)
    t1 = time.time()
    xgb.dask.train(
        client,
        {"tree_method": "hist", "objective": "binary:hinge"},
        dtrain_dask,
        num_boost_round=4,
        evals=[(dtrain_dask, "train")],
        verbose_eval=False,
    )
    xgb_timings.append(('dask-ml', n, time.time() - t1))
```

```
df = pd.DataFrame(xgb_timings, columns=['method', '# of samples', 'time'])
sns.barplot(data=df, x='# of samples', y='time', hue='method')
```

运行结果如图 5.9 所示。

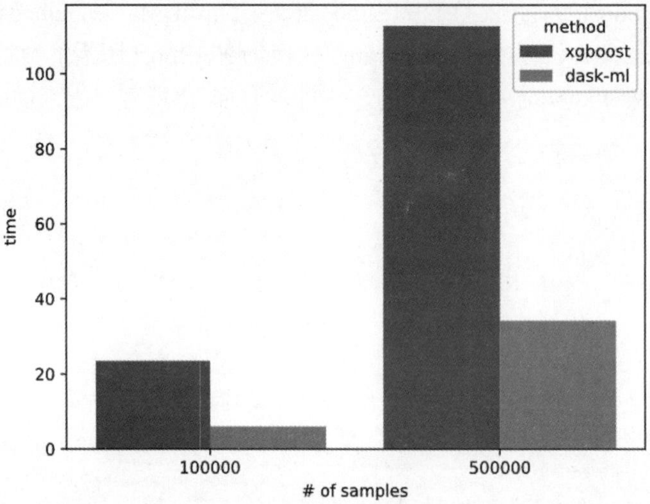

图 5.9　运行结果 9

如果使用 XGBoost 的 Scikit-learn 式 API，则需要将 xgboost.XGBClassifier 修改为 xgboost.dask.DaskXGBClassifier，或者将 xgboost.XGBRegressor 修改为 xgboost.dask.DaskXGBRegressor。

分布式 GPU 训练

Dask 可以管理多块 GPU，而 XGBoost 可以基于 Dask 进行多 GPU 训练，我们需要安装 Dask-CUDA 以启动一个多 GPU 的 Dask 集群。Dask 可以将 XGBoost 分布到多个 GPU 上进行训练。

```
from dask_cuda import LocalCUDACluster
import xgboost as xgb
client = Client(LocalCUDACluster())
clf = xgb.dask.DaskXGBClassifier(verbosity=1)
clf.set_params(tree_method="hist", device="cuda")
clf.client = client
X, y = dask_ml.datasets.make_classification(n_samples=100_000,
        n_features=1_000,
        random_state=42,
        chunks=100_000 // 100
)
```

```
clf.fit(X, y, eval_set=[(X, y)], verbose=False)
prediction = clf.predict(X)
```

运行结果如图 5.10 所示。

```
[23:01:19] task [xgboost.dask-0]:tcp://127.0.0.1:45305 got new rank 0
[23:01:19] task [xgboost.dask-1]:tcp://127.0.0.1:38835 got new rank 1
[23:01:19] task [xgboost.dask-2]:tcp://127.0.0.1:46315 got new rank 2
[23:01:20] task [xgboost.dask-3]:tcp://127.0.0.1:38331 got new rank 3
```

图 5.10　运行结果 10

第 6 章 Ray

Ray 是一个可扩展的计算框架。本章将介绍 Ray 核心的 API：分布式函数、分布式对象存储和分布式类。

6.1 Ray 简介

Ray 是一个可扩展的计算框架。它最初为强化学习设计，后来逐渐演变成一个面向数据科学和人工智能的框架。如图 6.1 所示，当前 Ray 主要由底层的 Ray Core 和上层的各类 Ray AI（Artificial Intelligence，人工智能）生态组成。Ray Core 是一系列底层 API，可以将 Python 函数或 Python 类等计算任务横向扩展到多个计算节点上。在 Ray Core 之上，Ray 封装了一些面向数据科学和人工智能的库（Ray AI Libraries），包括数据处理（Ray Data）、模型训练（Ray Train）、模型超参数调优（Ray Tune）、模型推理服务（Ray Serve）、强化学习（RLib）等。

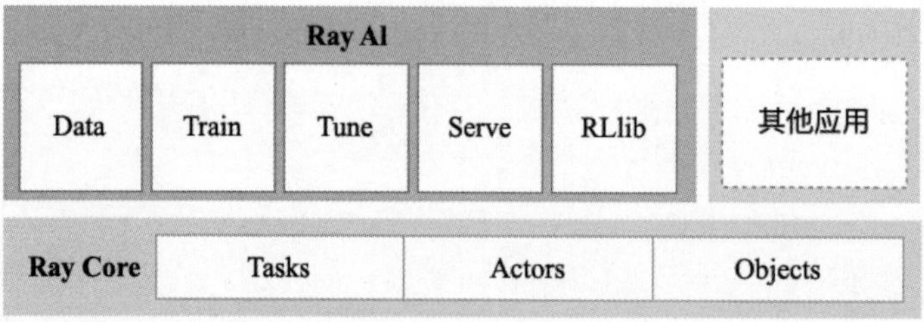

图 6.1　Ray 生态

Ray Core 提供的 API 将 Python 任务横向扩展到集群上，其核心 API 包括两个计算接口和一个数据接口，如图 6.2 所示。

- 任务（Task）：面向函数（Function）的接口，用于定义一个函数，该函数可以在集群中分布式地执行。
- 行动者（Actor）：面向类（Class）的接口，用于定义一个类，该类可以在集群中分布式地执行。
- 对象（Object）：分布式的对象，具有不可变（Immutable）的特性，用于在 Task 和 Actor 之间传递数据。

上层的各类生态系统均基于 Ray Core 的底层 API，结合各类人工智能应用编写而成。

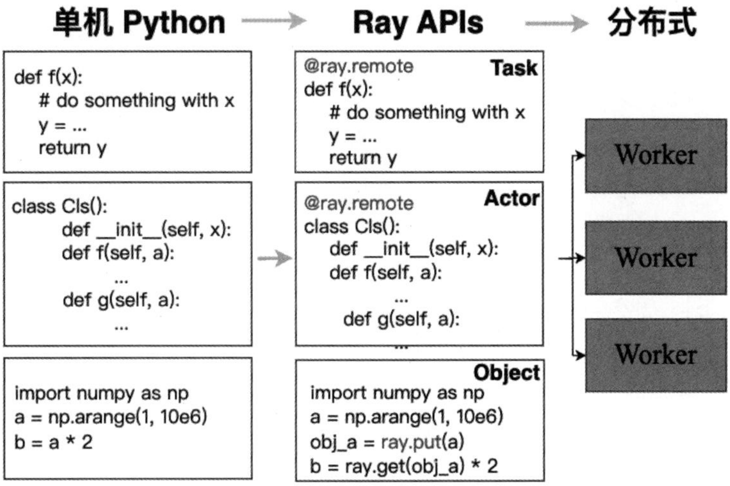

图 6.2　Ray Core 核心 API

6.2　分布式函数

被 Ray 加速的函数可以在远程 Ray 集群上运行，这些函数被称为远程函数或任务（Task）。远程函数是无状态的，即它的执行只依赖于函数的输入和输出，不依赖于函数作用域之外的中间变量。

接下来，将通过三个案例演示如何将 Python 函数横向扩展到 Ray 集群上：

- 生成斐波那契数列
- 使用蒙特卡洛方法进行计算
- 分布式图片处理

```
import logging
import math
import os
import random
import time
from pathlib import Path
from typing import List, Tuple
import numpy as np
import pandas as pd
import matplotlib.pyplot as plt
from PIL import Image
```

```
import torch
import torchvision
from torchvision import transforms as T
%matplotlib inline
import matplotlib_inline
matplotlib_inline.backend_inline.set_matplotlib_formats('svg')

import ray
```

6.2.1　启动 Ray 集群

在正式使用 Ray 的分布式功能之前，首先需要启动一个 Ray 集群。启动 Ray 集群的方式有很多种，我们可以使用 ray.init()函数来启动一个单节点的 Ray 集群，以便进行后续的演示。这个单节点的 Ray 集群将运行在执行这个 Python 任务的计算机上。

```
if ray.is_initialized:
    ray.shutdown()
ray.init(logging_level=logging.ERROR)
```

运行结果如图 6.3 所示。

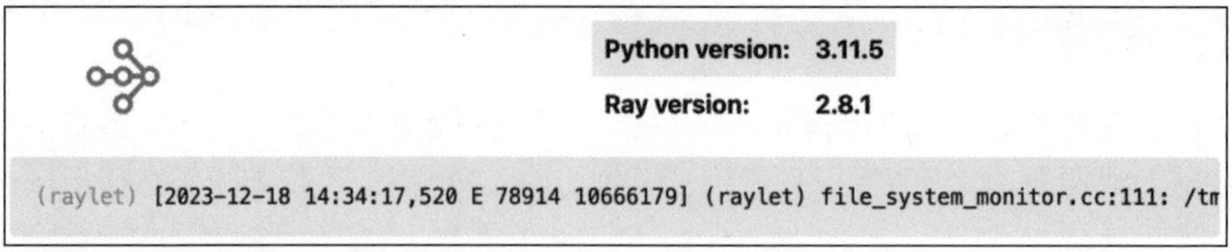

图 6.3　运行结果 1

6.2.2　案例：斐波那契数列

接下来，我们将用斐波那契数列的案例来演示如何使用 Ray 对 Python 函数进行分布式扩展。

斐波那契数列的第 n 项 F_n 可以由它前面的两个项 F_{n-1} 和 F_{n-2} 计算得到。用形式化的数学公式定义为：

$$F_n = F_{n-1} + F_{n-2}$$

其中，F_0=0，F_1=1。

下面使用原生的 Python 定义一个斐波那契函数。

```
def generate_fibonacci(sequence_size):
    fibonacci = []
    for i in range(0, sequence_size):
```

```
        if i < 2:
            fibonacci.append(i)
            continue
        fibonacci.append(fibonacci[i-1] + fibonacci[i-2])
    return len(fibonacci)
```

如果我们想让这个 Python 函数在 Ray 中分布式地执行，只需为函数增加一个@ray.remote 装饰器即可。

```
# 为函数增加一个@ray.remote 装饰器
@ray.remote
def generate_fibonacci_distributed(sequence_size):
    return generate_fibonacci(sequence_size)
```

作为 Ray 的使用者，我们不需要关心 Task（任务）在 Ray 集群中如何分布式地执行，也不需要了解这个 Task 被调度到哪些计算节点。所有这些分布式执行的细节都被 Ray 所隐藏，或者说 Ray 帮我们做了底层的分布式计算与调度工作。

接下来，我们将比较顺序执行与分布式执行的效率与耗时。使用 os.cpu_count()可以获取当前的 CPU 核心数。顺序执行的代码使用 for 循环，多次调用生成斐波那契数列的函数。

```
# 顺序执行
def run_local(sequence_size):
    results = [generate_fibonacci(sequence_size) for _ in
range(os.cpu_count())]
    return results
```

使用 Ray 进行分布式扩展，函数可以并行地在多个 CPU 核心上执行。

```
# 使用 Ray 进行分布式扩展
def run_remote(sequence_size):
    results = ray.get([generate_fibonacci_distributed.remote(sequence_size)
for _ in range(os.cpu_count())])
    return results

SEQUENCE_SIZE = 200000

start = time.time()
run_local(SEQUENCE_SIZE)
end = time.time()
elapsed_fib_serial = end - start
print(f"Serial :: fibonacci sequence {SEQUENCE_SIZE} elapsed:
{elapsed_fib_serial:.2f} sec")
```

```
    start = time.time()
    run_remote(SEQUENCE_SIZE)
    end = time.time()
    elapsed_fib_dist = end - start
    print(f"Distributed :: fibonacci sequence {SEQUENCE_SIZE} elapsed:
{elapsed_fib_dist:.2f} sec")
```

运行结果如图 6.4 所示。

```
Serial :: fibonacci sequence 200000 elapsed: 17.20 sec
Distributed :: fibonacci sequence 200000 elapsed: 23.78 sec
```

图 6.4　运行结果 2

在这个例子中，计算复杂度较低，且计算本身不易并行。读者可以尝试将 SEQUENCE_SIZE 改为更大的值，以比较性能差异。

6.2.3　原生 Python 函数与 Ray 的区别

需要注意的是，使用 Ray 与原生 Python 函数稍有区别，主要体现在以下几个方面。

1. 函数调用方式

原生 Python 函数使用 func_name()调用。在使用 Ray 时，函数定义需要增加@ray.remote 装饰器，调用时需要使用 func_name.remote()的形式。

2. 返回值

调用一个原生 Python 函数 func_name()，即可得到函数的返回值。在使用 Ray 时，func_name.remote()的返回值是 ray.ObjectRef 类型的对象，ray.ObjectRef 并不是一个具体的值，而是一个 Future（尚未完成但未来会完成的计算），需要使用 ray.get()函数获取该调用的实际返回值。

3. 执行方式

原生 Python 函数 func_name()的调用是同步执行的，这意味着它会等待结果返回后才进行后续计算，或者说这个调用是阻塞的。而 Ray 函数 func_name.remote()是异步执行的，调用者不需要等待这个函数计算真正完成，Ray 会立即返回一个 ray.ObjectRef。函数计算将在后台的某个计算节点上执行。使用 ray.get(ObjectRef)会等待后台计算完成，然后将结果返回给调用者。ray.get(ObjectRef)本身是一种阻塞调用。

案例：蒙特卡洛估计 π

接下来，我们使用蒙特卡洛方法来估计 π。如图 6.5 所示，在一个 2×2 的正方形中随机撒点，正方形内有一个半径为 1 的圆。所撒的点以一定概率落在圆内，假定我们已知落在圆内的概率是 π/4，可以根据随机撒点的概率情况推算出 π 的值。根据概率论相关知识，撒的点越多，概率越接近真实值。

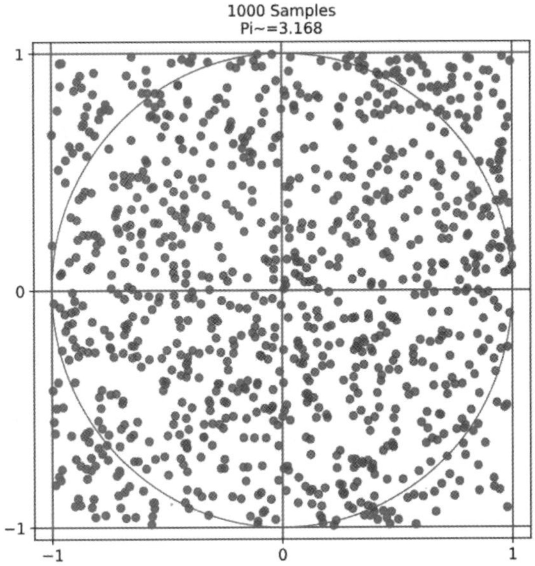

图 6.5　在正方形内随机撒点，这些点有一定概率落在圆内

```
NUM_SAMPLING_TASKS = os.cpu_count()
NUM_SAMPLES_PER_TASK = 10_000_000
TOTAL_NUM_SAMPLES = NUM_SAMPLING_TASKS * NUM_SAMPLES_PER_TASK
```

定义一个 Python 原生函数，用于计算落在圆内的概率。我们共进行 num_samples 次随机采样，或者说一共撒 num_samples 个点。每次撒点其实是对横纵坐标 x 和 y 生成[−1,1]区间内的随机值。如果该点在圆内，则该点距圆心（坐标轴原点）的距离小于或等于 1。可以使用 math 库中的 math.hypot 函数来计算这一距离。

```
def sampling_task(num_samples: int, task_id: int, verbose=True) -> int:
    num_inside = 0
    for i in range(num_samples):
        x, y = random.uniform(-1, 1), random.uniform(-1, 1)
        # 判断点在圆内
        if math.hypot(x, y) <= 1:
            num_inside += 1
    if verbose:
        print(f"Task id: {task_id} | Samples in the circle: {num_inside}")
    return num_inside
```

定义一个顺序执行的Python原生函数，该函数将顺序调用NUM_SAMPLING_TASKS次。

```
    def run_serial(sample_size) -> List[int]:
        results = [sampling_task(sample_size, i+1) for i in
range(NUM_SAMPLING_TASKS)]
        return results
```

再定义一个远程函数，只需增加@ray.remote 装饰器。请记住，远程函数是异步执行的，调用远程函数后会立即返回一个 FutureObjectRef。要获取实际计算结果，需要调用 ray.get()。ray.get()会等待计算结束，并返回实际结果。

```
    @ray.remote
    def sample_task_distribute(sample_size, i) -> object:
        return sampling_task(sample_size, i)

    def run_disributed(sample_size) -> List[int]:
        results = ray.get([
                sample_task_distribute.remote(sample_size, i+1) for i in
range(NUM_SAMPLING_TASKS)
            ])
        return results
```

以上两类函数都计算了落在圆内的概率，接下来使用这些概率值来估算 π 的值：

```
    def calculate_pi(results: List[int]) -> float:
        total_num_inside = sum(results)
        pi = (total_num_inside * 4) / TOTAL_NUM_SAMPLES
        return pi
```

顺序执行与 Ray 分布式执行的耗时对比如下：

```
    start = time.time()
    results = run_serial(NUM_SAMPLES_PER_TASK)
    pi = calculate_pi(results)
    end = time.time()
    elapsed_pi_serial = end - start
    print(f"Serial :: random samples: {NUM_SAMPLES_PER_TASK}, estimated value of
π is: {pi:5f}, elapsed: {elapsed_pi_serial:.2f} sec")

    start = time.time()
    results = run_disributed(NUM_SAMPLES_PER_TASK)
    pi = calculate_pi(results)
    end = time.time()
    elapsed_pi_dist = end - start
```

```
    print(f"Distributed :: random samples: {NUM_SAMPLES_PER_TASK}, estimated
value of π is: {pi:5f}, elapsed: {elapsed_pi_dist:.2f} sec")
```

运行结果如图 6.6 所示。

```
Task id: 1 | Samples in the circle: 7854448
Task id: 2 | Samples in the circle: 7854275
Task id: 3 | Samples in the circle: 7855790
Task id: 4 | Samples in the circle: 7852830
Task id: 5 | Samples in the circle: 7853812
Task id: 6 | Samples in the circle: 7853574
Task id: 7 | Samples in the circle: 7852620
Task id: 8 | Samples in the circle: 7853829
```

图 6.6 运行结果 3

6.2.4 案例：分布式图像处理

接下来，我们将模拟一个高度计算密集的分布式图像预处理任务。处理的对象均为高分辨率的像素图像，每张图像的大小约为 4MB。这类图像数据预处理工作在当前人工智能场景下非常普遍。接下来的任务主要包括：

- 使用 PyTorch 的 torchvision 库中的工具，随机生成图片数据集。
- 使用 PIL 库加载图片。
- 使用 torchvision 库中的预处理和数据增强，将处理后的图像被转换成 Tensor（张量）。

随机生成图像数据集，图像大小为 3000×3000，并保存为 JPG 格式。

```
# Hide outputs
NUM_IMAGES = 50
# 图像将生成到该文件夹
DATA_DIR = Path(os.getcwd() + "/../data/fake-images")

if not DATA_DIR.exists():
    # 目录不存在，创建目录
    DATA_DIR.mkdir(parents=True)
    print(f'Creating directory: {DATA_DIR}.')

    # 随机生成图像数据集
    # dataset 是一个 List
    # 每个元素为（Image, Label）
    dataset = torchvision.datasets.FakeData(size=NUM_IMAGES, image_size=(3,
3000, 3000))
    for i in range(NUM_IMAGES):
        dest = DATA_DIR / f"{str(i)}.jpg"
        dataset[i][0].save(dest, quality=60)
```

定义一个计算密集型函数 transform_image，用于模拟深度学习中经常使用的图像数据预处理和数据增强操作。

```
def transform_image(img: object):
    """
    图像预处理函数：使用 torchvision 提供的数据增强等转换操作
    """

    # torchvision 提供的一系列数据预处理操作
    img = T.RandomHorizontalFlip()(img)
    img = T.RandomCrop(size=[224, 224], padding=4)(img)
    img = T.ToTensor()(img)
    img = T.Normalize((0.5, 0.5, 0.5), (0.5, 0.5, 0.5))(img)

    return img
```

定义顺序执行函数和分布式执行函数：

```
def augment_image_serial(image: object) -> List[object]:
    image = Image.open(image)
    return transform_image(image)

@ray.remote
def augment_image_distributed(image: object) -> List[object]:
    image = Image.open(image)
    return transform_image(image)

def run_serially(dataset) -> List[object]:
    transform_results = [augment_image_serial(image) for image in dataset]
    return transform_results

def run_distributed(dataset: List) -> List[object]:
    return ray.get([augment_image_distributed.remote(image) for image in
dataset])
```

比较顺序执行与分布式执行的耗时：

```
image_path_list = list(DATA_DIR.glob("*.jpg"))

# 顺序执行
print(f"Running {len(image_path_list)} images serially....")
start = time.time()
serial_results = run_serially(image_path_list)
end = time.time()
```

```
    elapsed_img_serial = end - start
    print(f"Serial :: transformations of {len(image_path_list)} images,
{elapsed_img_serial:.2f} sec")

    # 使用 Ray 分布式执行
    print(f"Running {len(image_path_list)} images distributed....")
    start = time.time()
    distributed_results = run_distributed(image_path_list)
    end = time.time()
    elapsed_img_dist = end - start
    print(f"Distributed :: transformations of {len(image_path_list)} images,
{elapsed_img_dist:.2f} sec")
```

运行结果如图 6.7 所示。

```
Running 50 images serially....
Serial :: transformations of 50 images, 12.24 sec
Running 50 images distributed....
Distributed :: transformations of 50 images, 10.11 sec
```

图 6.7　运行结果 4

三个案例运行结束后，我们将比较 Ray 的分布式执行效率。这三个任务各有特色，其中斐波那契数列的计算相对简单，计算模式不易被并行化，实现时主要使用 Python 提供的原生功能（列表、加法）；模拟 π 任务调用了 Python 标准库中 random 和 math 模块；图像处理任务则调用更加复杂的第三方库 torch、torchvision 和 pillow，其中 torch 和 pillow 都是非常庞大的 Python 库。

```
    data = {'workload': ["fib", "pi", "img"],
            'serial' : [elapsed_fib_serial, elapsed_pi_serial,
elapsed_img_serial],
            'distributed': [elapsed_fib_dist, elapsed_pi_dist,
elapsed_img_dist]}

    df = pd.DataFrame(data)
    df.plot(x="workload", y=["serial", "distributed"], kind="bar")
    plt.ylabel('Time(sec)', fontsize=12)
    plt.xlabel('Workload', fontsize=12)
    plt.grid(False)
    plt.show()
```

运行结果如图 6.8 所示。

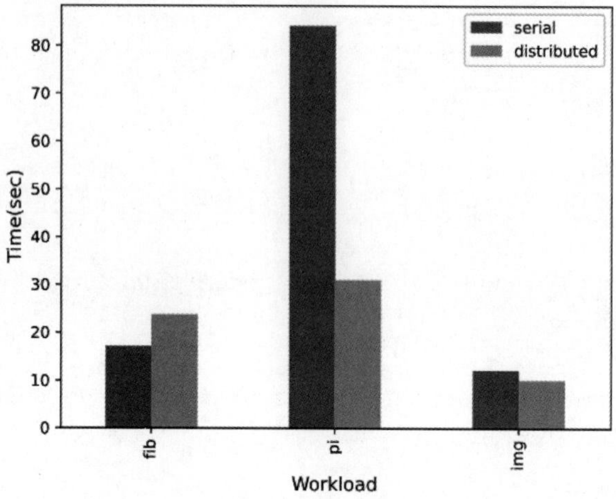

图 6.8　运行结果 5

最后还有一个需要注意的地方：当计算任务完成并且不再需要使用 Ray 时，应调用 ray.shutdown()将 Ray 关闭。如果不及时关闭，Ray 进程可能会一直在后台运行。

```
ray.shutdown()
```

6.3　分布式对象存储

在 Ray 分布式计算中，涉及共享的数据可被存放在分布式对象存储（Distributed Object Store）中。这些存储在分布式对象存储中的数据被称为远程对象（Remote Object）。我们可以使用 ray.get()和 ray.put()来读写这些远程对象。与内存中的 Python 对象实例不同，远程对象是不可变的（Immutable），不能直接在原地更改。

6.3.1　ray.put()与 ray.get()

```
import logging
import random
from typing import Tuple
import numpy as np
import pandas as pd
import ray
import torch

if ray.is_initialized:
    ray.shutdown()
ray.init(logging_level=logging.ERROR)
```

如图 6.9 所示，操作远程对象主要有 ray.put()和 ray.get()两个 API。

- ray.put()把某个计算节点中的对象数据序列化，并写入 Ray 集群的分布式对象存储中，同时返回一个 RefObjectID。RefObjectID 是指向这个 Remote Object 对象的指针。通过引用这个 RefObjectID，我们可以在远程函数或远程类中分布式地使用这个数据对象。
- ray.get()使用 RefObjectID 从分布式对象存储中拉取数据，并进行反序列化。

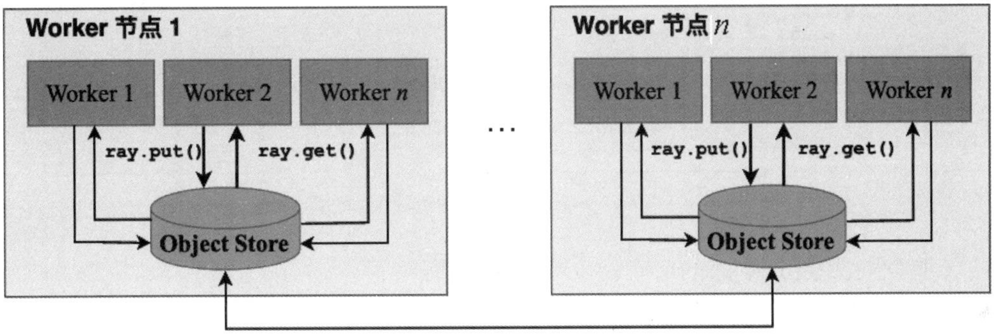

图 6.9　Ray 分布式对象存储示意图

```
def create_rand_tensor(size: Tuple[int, int, int]) -> torch.tensor:
    return torch.randn(size=(size), dtype=torch.float)

torch.manual_seed(42)
# 创建 16 个张量，每个张量大小为 (X, 8, 8)
tensor_obj_ref_list = [ray.put(create_rand_tensor((i, 8, 8))) for i in range(1,
16)]
tensor_obj_ref_list[0], len(tensor_obj_ref_list)
```

运行结果如图 6.10 所示。

```
(ObjectRef(00ffffffffffffffffffffffffffffffffffffffff0100000001e1f505), 15)
```

图 6.10　运行结果 6

使用 ray.get()从分布式对象存储中拉取数据：

```
val = ray.get(tensor_obj_ref_list[0])
val.size(), val
```

运行结果如图 6.11 所示。

```
(torch.Size([1, 8, 8]),
 tensor([[[ 1.9269,  1.4873,  0.9007, -2.1055,  0.6784, -1.2345, -0.0431,
          -1.6047],
         [-0.7521,  1.6487, -0.3925, -1.4036, -0.7279, -0.5594, -0.7688,
           0.7624],
         [ 1.6423, -0.1596, -0.4974,  0.4396, -0.7581,  1.0783,  0.8008,
           1.6806],
         [ 1.2791,  1.2964,  0.6105,  1.3347, -0.2316,  0.0418, -0.2516,
           0.8599],
         [-1.3847, -0.8712, -0.2234,  1.7174,  0.3189, -0.4245,  0.3057,
          -0.7746],
         [-1.5576,  0.9956, -0.8798, -0.6011, -1.2742,  2.1228, -1.2347,
          -0.4879],
         [-0.9138, -0.6581,  0.0780,  0.5258, -0.4880,  1.1914, -0.8140,
          -0.7360],
         [-1.4032,  0.0360, -0.0635,  0.6756, -0.0978,  1.8446, -1.1845,
           1.3835]]]))
```

图 6.11　运行结果 7

或者把 ObjectRefID 列表的所有对象都拉取过来：

```
results = ray.get(tensor_obj_ref_list)
results[0].size(), results[0]
```

运行结果如图 6.12 所示。

```
(torch.Size([1, 8, 8]),
 tensor([[[ 1.9269,  1.4873,  0.9007, -2.1055,  0.6784, -1.2345, -0.0431,
          -1.6047],
         [-0.7521,  1.6487, -0.3925, -1.4036, -0.7279, -0.5594, -0.7688,
           0.7624],
         [ 1.6423, -0.1596, -0.4974,  0.4396, -0.7581,  1.0783,  0.8008,
           1.6806],
         [ 1.2791,  1.2964,  0.6105,  1.3347, -0.2316,  0.0418, -0.2516,
           0.8599],
         [-1.3847, -0.8712, -0.2234,  1.7174,  0.3189, -0.4245,  0.3057,
          -0.7746],
         [-1.5576,  0.9956, -0.8798, -0.6011, -1.2742,  2.1228, -1.2347,
          -0.4879],
         [-0.9138, -0.6581,  0.0780,  0.5258, -0.4880,  1.1914, -0.8140,
          -0.7360],
         [-1.4032,  0.0360, -0.0635,  0.6756, -0.0978,  1.8446, -1.1845,
           1.3835]]]))
```

图 6.12　运行结果 8

6.3.2　案例：对数据进行转换

远程对象中的数据是不可修改的，即无法对变量原地更改。在单机环境中，我们可以直接对变量 a 进行赋值；但在 Ray 中，远程对象的值不能被原地更改。

```
a = torch.rand(size=(1, 8, 8))
a[0] = torch.ones(8, 8)
a
```

运行结果如图 6.13 所示。

```
tensor([[[1., 1., 1., 1., 1., 1., 1., 1.],
         [1., 1., 1., 1., 1., 1., 1., 1.],
         [1., 1., 1., 1., 1., 1., 1., 1.],
         [1., 1., 1., 1., 1., 1., 1., 1.],
         [1., 1., 1., 1., 1., 1., 1., 1.],
         [1., 1., 1., 1., 1., 1., 1., 1.],
         [1., 1., 1., 1., 1., 1., 1., 1.],
         [1., 1., 1., 1., 1., 1., 1., 1.]]])
```

图 6.13 运行结果 9

如果我们需要使用新数据，应通过远程函数或远程类对远程对象进行转换操作，以生成新的远程对象。

```
@ray.remote
def transform_tensor(tensor: torch.tensor) -> torch.tensor:
    return torch.transpose(tensor, 0, 1)

transformed_object_list = [transform_tensor.remote(t_obj_ref) for t_obj_ref
in tensor_obj_ref_list]
transformed_object_list[0].size()
```

运行结果如图 6.14 所示。

```
28
```

图 6.14 运行结果 10

6.3.3 传递参数

远程对象可以通过 RefObjectID 在 Task（任务）和 Actor（演员）之间传递。

1. 直接传递

直接传递是指在 Task 或 Actor 的函数调用时，将 RefObjectID 作为参数传递。在下面的例子中，x_obj_ref 是一个 RefObjectID，远程函数 echo()将自动从 x_obj_ref 获取 x 的值。这个自动获取值的过程被称为自动反引用（De-referenced）。

```
@ray.remote
def echo(x):
    print(f"current value of argument x: {x}")
    return x

x = list(range(5))
```

```
x_obj_ref = ray.put(x)
x_obj_ref
```

运行结果如图 6.15 所示。

```
ObjectRef(00ffffffffffffffffffffffffffffffffffffff0100000010e1f505)
```

图 6.15　运行结果 11

```
ray.get(echo.remote(x_obj_ref))
```

运行结果如图 6.16 所示。

```
[0, 1, 2, 3, 4]
```

图 6.16　运行结果 12

```
ray.get(echo.remote(x))
```

运行结果如图 6.17 所示。

```
[0, 1, 2, 3, 4]
```

图 6.17　运行结果 13

2. 复杂数据结构

如果 RefObjectID 被包裹在一个复杂的数据结构中，Ray 不会自动获取 RefObjectID 对应的值，即解引用（De-referenced）并不是自动的。复杂数据结构包括：

- RefObjectID 被包裹在一个字典（Dict）中，例如.remote({"obj": x_obj_ref})。
- RefObjectID 被包裹在一个列表（List）中，例如.remote([x_obj_ref])。

可以分别尝试以下两种方式：

```
ray.get(echo.remote({"obj": x_obj_ref}))

ray.get(echo.remote([x_obj_ref]))
```

6.3.4　底层实现

Ray 集群的每个计算节点都有一个基于共享内存的对象存储。远程对象的数据会存储在集群中某个或某些计算节点的对象存储中，所有计算节点的共享内存共同组成了分布式对象存储。

当某个远程对象的数据量较小（小于或等于 100KB）时，它会被存储在计算节点的进程内存中；当数据量较大时，它会被存储在分布式共享内存中；当集群的共享内存空间不足时，数据会被外溢（Spill）到持久化存储上，比如硬盘或 S3（对象存储服务）。

6.4 分布式类

6.2 节展示了如何将一个无状态的函数扩展到 Ray 集群上进行分布式计算，但在实际应用中，我们经常需要进行有状态的计算。最简单的有状态计算包括维护一个计数器，当满足某种条件时，计数器加一。这类有状态的计算对于给定的输入，不一定总能得到确定的输出。在单机场景下，我们可以使用 Python 的类（Class）来实现，计数器作为类的成员变量存在。Ray 能将 Python 类扩展到集群中执行，这类远程类被称为行动者（Actor）。Actor 这一名称来源于 Actor 编程模型[11]，它是一个典型的分布式计算编程模型，广泛应用于大数据和人工智能领域。尽管 Actor 编程模型较为抽象，我们将先从计数器的案例入手，逐步进行理解。

6.4.1 案例：分布式计数器

```
import logging
from typing import Dict, List, Tuple
import ray

if ray.is_initialized:
    ray.shutdown()
ray.init(logging_level=logging.ERROR)
```

Ray 的远程类（RemoteClass）同样需要使用 ray.remote()来装饰。

```
@ray.remote
class Counter:
    def __init__(self):
        self.value = 0

    def increment(self):
        self.value += 1
        return self.value

    def get_counter(self):
        return self.value
```

初始化一个实例时，需要在类名 Counter 后加上 remote()，这样即可创建一个分布式的 Actor。

```
counter = Counter.remote()
```

接下来，我们将使用 Counter 类的计数功能，特别是 increment() 方法。在调用这个方法时，需在方法名后附加 remote()，即在对象实例的方法调用时加上.increment.remote()。

```
obj_ref = counter.increment.remote()
print(ray.get(obj_ref))
```

运行结果如图 6.18 所示。

```
1
```

图 6.18　运行结果 14

我们可以使用同一个类创建多个不同的 Actor 实例。不同 Actor 实例的成员函数调用可以并行执行，但同一个 Actor 实例的成员函数调用则是顺序执行的。

```
# 创建 10 个 Actor 实例
counters = [Counter.remote() for _ in range(10)]

# 对每个 Actor 执行 increment 操作
# 这些操作可以分布式执行
results = ray.get([c.increment.remote() for c in counters])
print(results)
```

运行结果如图 6.19 所示。

```
[1, 1, 1, 1, 1, 1, 1, 1, 1, 1]
```

图 6.19　运行结果 15

同一个 Actor 实例的状态是共享的。所谓共享状态，指的是 Actor 可能被分布式调度，但无论调度到哪个计算节点，操作该 Actor 实例的过程与操作单机上的 Python 类和实例类似。Actor 实例的成员变量可以被访问、修改并且会实时更新。

```
# 对第一个 Actor 进行 5 次 increment 操作
# 这 5 次 increment 操作是顺序执行的，且共享状态数据 value
results = ray.get([counters[0].increment.remote() for _ in range(5)])
print(results)
```

运行结果如图 6.20 所示。

```
[2, 3, 4, 5, 6]
```

图 6.20　运行结果 16

6.4.2　Actor 编程模型

Actor 编程模型是一种分布式编程范式，每种编程语言或框架都有自己的实现。Actor 编程模型的基本要素是 Actor 实例，即每个 Actor 对象都是唯一的。可以把单个 Actor 实例理解成一个带地址信息的进程。每个 Actor 都拥有地址信息，允许我们像通过手机号或电子邮件地址互相发送信息一样，在 Actor 之间发送信息。一个 Actor 可以有一个地址或多个地址，多个 Actor 也可以共享同一个地址。拥有多少个地址主要取决于我们想以怎样的方式收发数据。多个 Actor 共享同一个地址类似于公司中的群组邮箱，群组中包含多个成员，这些成员有一个对外的公共地址，向这个群组发邮件，群组中的每个成员都会收到这个消息。

Actor 拥有地址和独立的内存空间，可以做以下事情：

- 存储数据，比如状态数据。
- 接收来自其他 Actor 的消息。
- 向其他 Actor 发送消息。
- 创建新的 Actor。

Actor 存储的状态数据只能由 Actor 自己来管理，无法被其他 Actor 直接修改。这类似于面向对象编程语言中类的实例，如果想修改实例的数据，通常需要通过实例的成员函数。如果要修改 Actor 中存储的状态数据，需要发送消息给该 Actor，Actor 在接收到消息后基于自己存储的数据做出决策：是修改状态数据，还是向其他 Actor 发送消息。例如，在前面介绍的计数器案例中，Actor 收到 increment()消息后，根据自己存储的状态执行自增操作。

为确保 Actor 编程模型在分布式环境中的状态一致性，对同一 Actor 发送的多次请求是顺序执行的。例如，在计数器案例中，向同一个 Actor 发送 5 次 increment()请求，这些请求将按顺序执行。

Actor 编程模型是消息驱动的。给某个 Actor 发送消息，它会根据消息进行响应，修改自身的状态或向其他 Actor 发送消息。由于 Actor 编程模型不需要显式地在多个进程之间同步数据，因此避免了锁机制和同步等待的问题，适合于大量异步操作的场景。

6.4.3　案例：排行榜

接下来，我们基于 Actor 实现一个更加复杂的案例：成绩排行榜。排行榜的状态由一个键-值对 self.board 表示，键是 str 类型的名字（name），值是 float 类型的分数（score）。

```
@ray.remote
class Ranking:
    def __init__(self, minimal_score: float = 60.0):
        self.minimal = minimal_score
        self.board = dict()

    def add(self, name: str, score: float) -> Dict[str, float]:
        try:
            score = float(score)
```

```
            if score < self.minimal:
                return
            if name in self.board:
                self.board[name] = max(score, self.board[name])
            else:
                self.board[name] = score
            self.board = dict(sorted(self.board.items(), key=lambda item:
item[1]))
            return self.board
        except Exception as e:
            print(f"The data type of score should be float but we receive
{type(score)}.")
            return self.board

    def top(self, n: int = 1) -> List[Tuple[str, float]]:
        n = min(n, len(self.board))
        results = list(self.board.items())[:n]
        return results

    def pop(self) -> Dict[str, float]:
        if len(self.board) <= 0:
            raise Exception("The board is empty.")
        else:
            _, _ = self.board.popitem()
        return self.board
```

在这个排行榜的例子中，定义了三个函数：

- __init__()：构造函数（或称为构造器）。
- add()：添加一条新记录，并解析输入。如果 score 不能转换为 float 类型，将抛出异常，同时对现有记录进行排序。
- pop()：删除分数最高的记录。如果 self.board 为空，将抛出异常。

使用.remote()函数创建远程类对应的 Actor 实例：

```
# 创建排行榜
ranking = Ranking.remote()
```

这里的 ranking 是一个 Actor 的引用（Actor Handle），类似于 ObjectRef，我们可以使用该 Actor Handle 管理这个 Actor 实例。一旦 Actor Handle 被销毁，相关的 Actor 及其状态也会随之销毁。

可以创建多个 Actor 实例，每个实例管理自己的状态。还可以通过 ActorClass.options()为这些 Actor 实例设置选项，例如命名、分配 CPU 或 GPU 计算资源等。

```
# 创建一个数学排行榜 math_ranking
# 它与刚创建的 ranking 相互独立
math_ranking = Ranking.remote(minimal_score=80)

# 创建一个化学排行榜 chem_ranking
# 并为它命名
chem_ranking = Ranking.options(name="Chemistry").remote()
```

有了名字之后，可以通过 ray.get_actor()来获取 Actor Handle：

```
# 获取名为 Chemistry 的 Actor Handle
cr = ray.get_actor("Chemistry")
```

向 ranking 排行榜中添加新记录时，需要调用 add()函数。注意，调用类成员函数时需要加上.remote()，否则会报错。

```
# 增加新记录
ranking.add.remote("Alice", 90)
ranking.add.remote("Bob", 60)

print(f"Current ranking: {ray.get(ranking.top.remote(3))}")
```

运行结果如图 6.21 所示。

```
Current ranking: [('Bob', 60.0), ('Alice', 90.0)]
```

图 6.21　运行结果 17

```
ray.get(ranking.add.remote("Mark", 'a88'))
```

运行结果如图 6.22 所示。

```
{'Bob': 60.0, 'Alice': 90.0}
```

图 6.22　运行结果 18

在上面的案例中，某些调用可能会引发异常，例如插入一个字符串。Ray 通常会处理这些异常并将其打印出来。但为了更稳妥起见，也可以在调用远程类的成员方法时使用 try/except 进行异常捕获：

```
try:
    ray.get(ranking.pop.remote())
    ray.get(ranking.pop.remote())
    ray.get(ranking.pop.remote())
```

```
    except Exception as e:
        print(e)
```

运行结果如图 6.23 所示。

```
(Ranking pid=94276) The data type of score should be float but we receive <class 'str'>.
ray::Ranking.pop() (pid=94276, ip=127.0.0.1, actor_id=ad9e8acb97292b765b95c42501000000, repr=
           ^^^^^^^^^^^^^^^^^^^^^^^^^^^^^^^^^^^^^
           ^^^^^^^^^^^^^^^^^^^^^^^^^^^^^^^^
  File "/var/folders/4n/v40br47s46ggrjm9bdm64lwh0000gn/T/ipykernel_94239/1570506600.py", line
Exception: The board is empty.
```

图 6.23 运行结果 19

6.4.4 案例：Actor Pool

在实际应用中，经常需要构建一个 Actor 资源池（Actor Pool）。Actor Pool 有点像 multiprocessing.Pool，其中包含多个功能相同的 Actor 实例，这些 Actor 可以在多个计算节点上并行运行。

```
from ray.util import ActorPool

@ray.remote
class PoolActor:
    def add(self, operands):
        (a, b) = operands
        return a + b

    def double(self, operand):
        return operand * 2

# 将创建的 Actor 添加到 ActorPool 中
a1, a2, a3 = PoolActor.remote(), PoolActor.remote(), PoolActor.remote()
pool = ActorPool([a1, a2, a3])
```

如果我们想调用 Actor Pool 中的 Actor，可以使用 map(fn,values)和 submit(fn,value)方法。这两个方法非常相似，所接收的参数是一个函数 fn 以及参数 value 或参数列表 values。map()方法接收一个 values 列表，将函数并行地分发给多个 Actor 进行处理；submit()方法则接收单个 value 值，每次从 Actor Pool 中选择一个 Actor 来执行。fn 是一个 Lambda 表达式，或者说是一个匿名函数。这个 Lambda 表达式有两个参数：actor 和 value，actor 是我们定义的单个 Actor 的函数调用，value 是传递给这个函数的参数。匿名函数 fn 的第一个参数是 Actor Pool 中的 Actor，第二个参数是传递给该 Actor 的函数参数。

```
pool.map(lambda a, v: a.double.remote(v), [3, 4, 5, 4])
```

```
pool.submit(lambda a, v: a.double.remote(v), 3)
pool.submit(lambda a, v: a.double.remote(v), 4)
```

map()和 submit()方法将计算任务提交到 Actor Pool 中。Actor Pool 并不会直接返回结果，而是异步地将任务分发给后台不同的 Actor 执行。需要使用 get_next()方法来阻塞地获取结果。

```
try:
    print(pool.get_next())
    print(pool.get_next())
    print(pool.get_next())
except Exception as e:
    print(e)
```

运行结果如图 6.24 所示。

```
6
8
10
```

图 6.24 运行结果 20

当然，如果已经取回所有结果，再次调用 get_next()将会引发异常。

在此情况下，submit()方法的 value 参数只能是单个对象，而不能是参数列表。如果需要传入多个参数，可以把这些参数包裹成一个元组。例如，在实现 add()方法对两个操作数进行计算时，我们可以将这两个操作数包裹为一个元组。在实现 add()函数时，使用(a,b)=operands 来解析这个元组。

```
pool.submit(lambda a, v: a.add.remote(v), (1, 10))
print(pool.get_next())
```

运行结果如图 6.25 所示。

```
8
```

图 6.25 运行结果 21

第 7 章

Ray 集群

本章重点讲解 Ray 对计算资源的管理，包括 Ray 集群和作业。

7.1 Ray 集群概述

本节将讲解 Ray 集群的基本概念、计算资源和启动。

7.1.1 Ray 集群简介

如图 7.1 所示，Ray 集群由一系列计算节点组成，其中包括两类关键的节点：头节点（Head）和工作节点（Worker）。这些节点可以部署在虚拟机、容器或裸金属服务器（Bare Metal Server）上。注意：裸金属服务器是指一种物理服务器，用户可以独占整个服务器的硬件资源，不与其他用户共享。这类服务器与虚拟服务器（如虚拟机或云服务器）不同，它没有虚拟化层，因此可以直接控制硬件，提供更高的性能和更低的延迟。

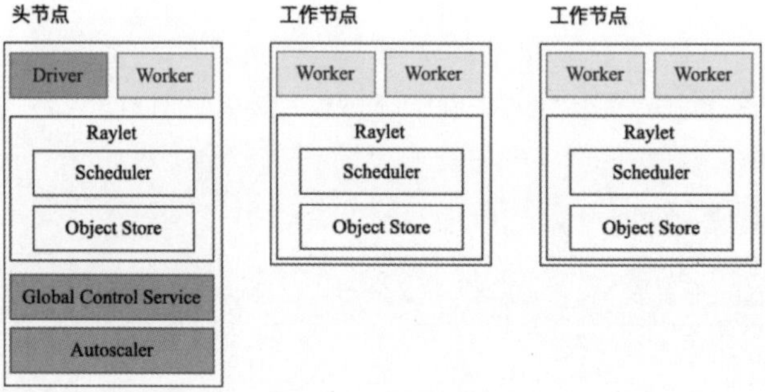

图 7.1 Ray 集群

在 Ray 分布式计算环境中，所有节点上都运行着一些关键进程。

- Worker：每个计算节点上运行着一个或多个 Worker 进程，这些进程负责执行计算任务。Worker 进程可以是无状态的，意味着它们可以反复执行 Task 对应的任务；也可以是有状态的 Actor，即执行远程类的方法。默认情况下，Worker 的数量等于其所在计算节点的 CPU 核心数。

- Raylet：每个计算节点上运行一个 Raylet。虽然每个计算节点可能运行多个 Worker 进程，但每个计算节点上只有一个 Raylet 进程，或者说 Raylet 被多个 Worker 进程共享。Raylet 主要包含两个组件：一个是调度器（Scheduler），负责资源管理和任务分配；另一个是基于共享内存的对象存储（Shared-memory Object Store），负责本地数据存储，各个计算节点上的对象存储共同构成了 Ray 集群的分布式对象存储。

从图 7.1 中还可以看到，头节点额外运行了以下服务：

- Global Control Service（GCS）：GCS 是 Ray 集群的全局元数据管理服务，负责存储和管理诸如哪个 Actor 被分配到哪个计算节点等元数据信息。这些元数据是被所有 Worker 共享的。
- Driver：Driver 用于执行程序的入口点，指的是 Python 的__main__函数。通常，__main__函数在运行时不应该执行大规模计算，而是负责将 Task 和 Actor 调度到具备足够资源的 Worker 上。

Ray 的头节点还运行着其他一些管理类服务，如计算资源的自动缩放和作业提交等。

7.1.2　启动 Ray 集群

在前面在 Python 代码中使用 ray.init()方式仅在本地启动了一个单机的 Ray 集群。实际上，Ray 集群包括头节点和工作节点，应该分别启动。首先在头节点上启动：

```
ray start --head --port=6379
```

这条命令会在该物理节点启动一个头节点进程，默认端口号是 6379，也可以通过--port 参数来指定端口号。执行完上述命令后，命令行会显示一些提示信息，包括当前节点的地址和如何停止 Ray 服务。接下来，启动工作节点：

```
ray start --address=<head-node-address>:<port>
```

将<head-node-address>:<port>替换为刚刚启动的 Ray 头节点的地址。

此外，Ray 还提供了 ray up 这种集群启动命令，它接收 YAML 文件作为参数，在 YAML 文件中定义好头节点地址和工作节点地址。以下是一个 YAML 文件的示例 example.yaml：

```
cluster_name: default

provider:
    type: local
    head_ip: YOUR_HEAD_NODE_HOSTNAME
    worker_ips: [WORKER_NODE_1_HOSTNAME, WORKER_NODE_2_HOSTNAME, ... ]
```

使用下面的命令来启动这个 Ray 集群：

```
ray up example.yaml
```

可以用 ray status 命令查看启动的 Ray 集群的状态。

提　示

Ray 的头节点暴露了三个端口号，默认分别是 6379、8265 和 10001。启动 Ray 时，设置了 Ray 头节点的端口号，默认为 6379，这个端口号是头节点和工作节点之间通信的端口。Ray 头节点启动后，还提供了一个 Ray 仪表盘端口号，默认为 8265，这个端口号可用来接收 Ray 命令行提交的作业。此外，还有一个端口 10001，默认在 ray.init()连接时使用。

以上方法可在多台虚拟机或物理机上部署一个 Ray 集群，Ray 还提供了 Kubernetes 和配套工具，支持自动缩放。

7.2 计算资源与资源组

7.2.1 计算资源

Ray 可以管理计算资源，包括 CPU、内存和 GPU 等各类加速器。这里的计算资源是逻辑上的，与物理计算资源相对应。Ray 集群的各个节点在启动时会自动探测物理计算资源，并根据一定的规则将它映射为逻辑计算资源。Ray 集群的节点可以是虚拟机、容器或裸金属服务器。

- CPU：每个节点的物理 CPU 个数（num_cpus）。
- GPU：每个节点的物理 GPU 个数（num_gpus）。
- 内存：每个节点可用内存的 70%（memory）。

以上为 Ray 默认的资源映射规则，也可以在启动 Ray 集群时手动指定这些资源。例如，某台物理节点有 64 个 CPU 核心和 8 个 GPU，启动 Ray 工作节点时可以只注册部分计算资源：

```
ray start --num-cpus=32 --num-gpus=4
```

7.2.2 资源需求

默认情况下，Ray 的 Task 会使用 1 个逻辑 CPU，该 CPU 既负责任务调度，也用于执行计算任务；而 Ray 的 Actor 则默认使用 1 个逻辑 CPU 来进行任务调度，并默认不占用 CPU 资源来执行计算任务。

当 Task 或 Actor 在执行时，Ray 会将它调度到能够满足它的资源需求的节点上。在默认情况下，Ray Task 的资源需求相对明确，而 Ray Actor 的默认 CPU 资源需求为 0。如果不做额外设置，这会导致一种错误印象，认为 Ray Actor 不需要计算资源，从而可能导致大量 Actor 被集中调度到同一个计算节点上。为更好地控制资源使用并避免潜在风险，建议在定义 Task

或 Actor 时指定所需的计算资源数量。具体来说，可以在使用 ray.remote()修饰函数或类时，传递 num_cpus 和 num_gpus 参数来指定 Task 和 Actor 所需的计算资源。

```
@ray.remote(num_cpus=4)
def func():
    ...

@ray.remote(num_cpus=16, num_gpus=1)
class Actor:
    pass
```

此外，还可以通过调用 task.options()或 actor.options()来为具体的计算任务指定所需的资源，其中 task 是经过 ray.remote()修饰的分布式函数，actor 是经过 ray.remote()修饰的分布式类实例。

```
func.options(num_cpus=4).remote()
```

7.2.3　其他资源

除了通用的 CPU 和 GPU 外，Ray 还支持多种其他类型的计算资源，例如各类加速器。可以通过使用--resources={"special_hardware":1}这样的键-值对来管理这些计算资源，其用法与 num_gpus 管理 GPU 资源类似。例如，对于 Google 的 TPU，可以这样定义：resources={"TPU":2}，对于华为的昇腾芯片，可以这样定义：resources={"NPU":2}。如果集群中的 CPU 既有 x86 架构，也有 ARM 架构，那么可以为 ARM 节点指定资源：resources={"arm64":1}。

7.2.4　自动缩放

Ray 集群可以自动缩放，主要应用于以下场景：

- 当 Ray 集群资源不足时，自动创建新的工作节点。
- 当某个工作节点闲置或无法启动时，将该工作节点关闭。

自动缩放根据 Task 或 Actor 中定义的资源请求（例如 task.options()中指定的计算资源）来进行，而不是根据计算节点资源的实际使用情况进行调整。

7.2.5　Placement Group

Ray 提供了名为 Placement Group 的功能，中文可以理解为“资源组”。Placement Group 允许用户原子性地（Atomically）使用多个节点的计算资源。这意味着资源要么全部分配，要么完全不分配，避免出现只分配部分资源的情况。

Placement Group 适用于以下场景。

- 组调度（Gang Scheduling）：一个作业需要一组资源，这些资源必须协同工作才能完成任务。资源要么全额分配，要么不分配。若仅分配部分资源，整个任务将无法完成。例如，在大规模分布式训练中，可能需要多个计算节点和多块 GPU，此时可以通过 Ray 集群申请并分配这些资源。

- 负载均衡：作业需要在多个节点上进行负载均衡，每个节点承担一小部分任务。Placement Group 可以确保作业尽可能分散到多个计算节点上。例如，在分布式推理场景中，如果一个作业需要 8 块 GPU，每块 GPU 负责加载模型并独立进行推理，为了实现负载均衡，作业应将调度到 8 个计算节点，每个节点使用 1 块 GPU。这样，即使某个节点发生故障，其他节点仍可继续工作，避免整个推理服务不可用。

Placement Group 包含几个关键概念。

- 资源包（Bundle）：Bundle 是一个键-值对，用于定义一组所需的计算资源，例如{"CPU":2}或{"CPU":8,"GPU":4}。Bundle 必须调度到单个计算节点上。例如，如果一个计算节点只有 8 块 GPU，那么{"GPU":10}这样的 Bundle 是不合理的。
- 资源组（Placement Group）：Placement Group 是一组 Bundle。例如，{"CPU":8}*4 表示向 Ray 集群申请 4 个 Bundle，每个 Bundle 预留 8 个 CPU。多个 Bundle 的调度会遵循一定的调度策略。Placement Group 由 Ray 集群创建后，可用于运行 Ray Task 和 Ray Actor。

我们可以使用 placement_group()创建 Placement Group。placement_group()是异步的，如果需要等待创建完成，需调用 PlacementGroup.ready()。

若某个 Ray Task 或 Ray Actor 希望调度到 Placement Group 上，可在 options(scheduling_strategy=PlacementGroupSchedulingStrategy(…))中进行设定。

下面是一个完整的例子。在运行此示例之前，需预先创建一个包含多块 GPU 的 Ray 集群。如果集群中没有 GPU 资源，可以将 GPU 改为 CPU。

```
from ray.util.placement_group import (
    placement_group,
    placement_group_table,
    remove_placement_group,
)
from ray.util.scheduling_strategies import PlacementGroupSchedulingStrategy
import ray

ray.init()

print('''Available Resources: {}'''.format(ray.available_resources()))

@ray.remote(num_gpus=2)
def gpu_task():
    print("GPU ids:
{}".format(ray.get_runtime_context().get_accelerator_ids()["GPU"]))
```

```
# 创建 Placement Group
pg = placement_group([{"CPU": 16, "GPU": 2}])

# 等待 Placement Group 创建成功
ray.get(pg.ready(), timeout=10)
# 也可以使用 ray.wait
ready, unready = ray.wait([pg.ready()], timeout=10)

print('''Placement Group: {}'''.format(placement_group_table(pg)))

# 将 Ray Task 调度到这个 Placement Group
ray.get(gpu_task.options(
scheduling_strategy=PlacementGroupSchedulingStrategy(placement_group=pg)
).remote())

# 删除这个 Placement Group
remove_placement_group(pg)
```

创建 Placement Group 的 placement_group()方法还可以接收 strategy 参数，用于设定不同的调度策略：要么让这些预留资源尽量集中到少数计算节点上，要么让这些预留资源尽量分散到多个计算节点。共有以下几种策略：

- STRICT_PACK：所有 Bundle 必须调度到单个计算节点。
- PACK：所有 Bundle 优先调度到单个计算节点，如果无法满足条件，则调度到其他计算节点，如图 7.2 所示。PACK 是默认的调度策略。

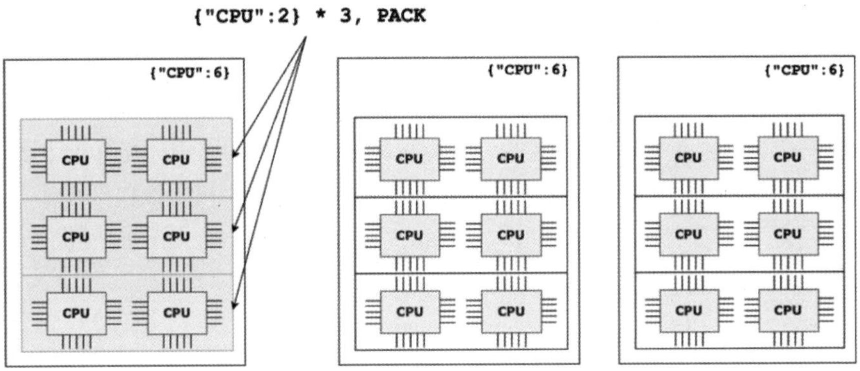

图 7.2 PACK 策略优先将所有 Bundle 调度到单个计算节点

- STRICT_SPREAD：每个 Bundle 必须调度到不同的计算节点。

- SPREAD: 每个 Bundle 优先调度到不同的计算节点，如果无法满足条件，有些 Bundle 可共用一个计算节点，如图 7.3 所示。

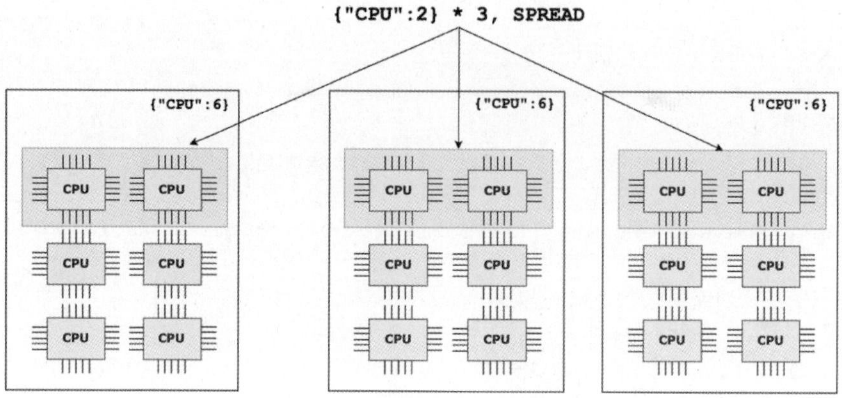

图 7.3　SPREAD 策略优先将每个 Bundle 调度到不同的计算节点

由于计算任务尽量被调度到少数计算节点，STRICT_PACK 和 PACK 这两种调度策略能够保证数据的局部性（Locality），这意味着计算任务可以快速访问本地的数据。

STRICT_SPREAD 和 SPREAD 调度策略使得计算任务可以更好地实现负载均衡。

提　示
多个 Ray Task 或 Ray Actor 可以运行在同一个 Bundle 上，且任何使用同一个 Bundle 的 Task 或 Actor 都将一直运行在同一计算节点上。

7.3 Ray 作业

部署好一个 Ray 集群后，我们便可以向集群提交作业。Ray 作业指的是用户编写的基于 Task、Actor 或 Ray 各类生态（如 Ray Train、Ray Tune、Ray Serve、RLlib 等）的具体计算任务。Ray 集群正在尝试提供多租户的服务，能够同时运行多个用户不同类型的计算任务。由于 Ray 集群支持多租户服务，不同的 Ray 作业的源代码、配置文件和软件包环境不一样。因此，在提交作业时，除了需要指定当前作业的__main__函数的入口外，还需要提供一下信息：

- 工作目录：包含作业所需的 Python 源代码和配置文件。
- 软件环境：作业所依赖的 Python 软件包和环境变量。

向 Ray 集群提交作业主要有以下三种方式，这三种方式都需要指定上述作业相关信息。

- Ray Jobs 命令行。
- Python Software Development Kit（SDK）。

- Ray 客户端。

7.3.1 Ray Jobs 命令行

1. Ray Job 命令

Ray Job 命令行工具是一系列用于操作 Ray 作业的命令工具。在 Python 环境中安装 Ray（通过命令 pip install "ray[default]"），会同时安装这些命令行工具。Ray Job 可以负责管理作业的整个生命周期。

首先，我们需要编写一个基于 Ray 的脚本，并将它保存在当前目录下，文件名为 script.py：

```
import os

import ray

ray.init()

print('''This cluster consists of
    {} nodes in total
    {} CPU resources in total
'''.format(len(ray.nodes()), ray.cluster_resources()['CPU']))

@ray.remote
def generate_fibonacci(sequence_size):
    fibonacci = []
    for i in range(0, sequence_size):
        if i < 2:
            fibonacci.append(i)
            continue
        fibonacci.append(fibonacci[i-1] + fibonacci[i-2])
    return len(fibonacci)

sequence_size = 10
results = ray.get([generate_fibonacci.remote(sequence_size) for _ in
range(os.cpu_count())])
print(results)
```

使用 ray job submit 命令提交该作业：

```
RAY_ADDRESS='http://127.0.0.1:8265' ray job submit --working-dir ./ -- python
script.py
```

RAY_ADDRESS 根据头节点的地址进行设置。如果只有本地的 Ray 集群，头节点的 IP

地址为 127.0.0.1，默认端口是 8265，那么 RAY_ADDRESS 应设置为 http://127.0.0.1:8265。如果有一个远程的集群，则应将地址修改为远程集群的 IP 地址或主机名。

Ray Job 命令行工具会将工作目录./下的源代码打包，并将该作业提交到集群中，随后打印出如图 7.4 所示的信息。

```
Job submission server address: http://127.0.0.1:8265
INFO dashboard_sdk.py:338 -- Uploading package gcs://_ray_pkg_bd62811ee3a826e8.zip.
INFO packaging.py:530 -- Creating a file package for local directory './'.

-------------------------------------------------------
Job 'raysubmit_VTRVfy8VEFY8vCdn' submitted successfully
-------------------------------------------------------
```

图 7.4　打印信息

ray job submit 命令的格式如下：

```
ray job submit [OPTIONS] ENTRYPOINT…
```

其中，[OPTIONS]可以指定一些参数。--working-dir 用于指定工作目录，Ray 会将该目录下的内容打包，并分发到 Ray 集群的各个节点。ENTRYPOINT 指的是需要执行的 Python 脚本，在本例中是 python script.py。我们还可以给这个 Python 脚本传参数，方法与在单机上执行 Python 脚本一样，例如：python script.py--arg=val。

--no-wait 参数允许先提交作业到 Ray 集群，而不是一直等待作业结束。作业的结果可以通过 ray job logs <jobid>来查看。

提　示
ENTRYPOINT 和 [OPTIONS] 之间有空格。

2. 入口

ENTRYPOINT 是程序的入口。在刚才的例子中，程序的入口是调用 generate_fibonacci 的 Ray Task，Ray Task 将被调度到 Ray 集群上。默认情况下，ENTRYPOINT 中的入口部分在头节点上运行。由于头节点资源有限，不能执行各类复杂的计算，只能起到一个入口的作用。各类复杂计算应在 Task 或 Actor 中执行。默认情况下，无须额外配置，Ray 会根据 Task 或 Actor 所设置的资源需求，将这些计算调度到计算节点上。但是，如果 ENTRYPOINT 的入口（调用 Task 或 Actor 之前）需要使用额外资源，例如 GPU，需要在[OPTIONS]中设置 --entrypoint-num-cpus、--entrypoint-num-gpus 或--entrypoint-resources 以分配这些资源。例如，下面的例子为入口分配了一个 GPU：

```
RAY_ADDRESS='http://127.0.0.1:8265' ray job submit --working-dir ./
--entrypoint-num-gpus 1 -- python gpu.py
```

其中，gpu.py 代码如下：

```
import os
import ray

ray.init()

@ray.remote(num_gpus=1)
class GPUActor:
    def ping(self):
        print("GPU ids:
{}".format(ray.get_runtime_context().get_accelerator_ids()["GPU"]))
        print("CUDA_VISIBLE_DEVICES:
{}".format(os.environ["CUDA_VISIBLE_DEVICES"]))

@ray.remote(num_gpus=1)
def gpu_task():
    print("GPU ids:
{}".format(ray.get_runtime_context().get_accelerator_ids()["GPU"]))
    print("CUDA_VISIBLE_DEVICES:
{}".format(os.environ["CUDA_VISIBLE_DEVICES"]))

print("ENTRYPOINT CUDA_VISIBLE_DEVICES:
{}".format(os.environ["CUDA_VISIBLE_DEVICES"]))
gpu_actor = GPUActor.remote()
ray.get(gpu_actor.ping.remote())
ray.get(gpu_task.remote())
```

调用 Actor 和 Task 之前，Ray 分配了一个 GPU 给程序的入口。调用 Actor 和 Task 之后，Ray 分别给 gpu_actor 和 gpu_task 分配了一个 GPU。

提　示

当将作业提交到已有的 Ray 集群时，ray.init()中不能设置 num_cpus 和 num_gpus 参数。

3. 依赖管理

Ray 集群支持多租户操作，可能会运行不同用户的作业。这些作业对 Python 依赖的版本要求可能不同，Ray 提供了运行时环境的功能，例如在启动作业时，设置--runtime-env-json，它接收一个 JSON 格式的字符串，包括需要通过 pip 安装的 Python 包、环境变量（env_vars）或工作目录（working_dir）。Ray 集群的运行时环境的基本原理是为每个作业创建一个独立的虚拟环境（virtualenv）。

```
{
    "pip": ["requests==2.26.0"],
    "env_vars": {"TF_WARNINGS": "none"}
}
```

7.3.2 Python SDK

Python SDK 的底层原理与命令行类似，只不过将提交作业的各类参数写在 Python 代码中，并通过执行 Python 代码来提交作业。SDK 提供了一个客户端，用户在客户端调用 ray.job_submission.JobSubmissionClient 来传递作业参数。

```
import time
from ray.job_submission import JobSubmissionClient, JobStatus

client = JobSubmissionClient("http://127.0.0.1:8265")
job_id = client.submit_job(
    entrypoint="python script.py",
    runtime_env={"working_dir": "./"}
)
print(job_id)

def wait_until_status(job_id, status_to_wait_for, timeout_seconds=5):
    start = time.time()
    while time.time() - start <= timeout_seconds:
        status = client.get_job_status(job_id)
        print(f"status: {status}")
        if status in status_to_wait_for:
            break
        time.sleep(1)


wait_until_status(job_id, {JobStatus.SUCCEEDED, JobStatus.STOPPED,
JobStatus.FAILED})
logs = client.get_job_logs(job_id)
print(logs)
```

JobSubmissionClient.submit_job()的作业提交是异步的。调用此方法后，Ray 会立即返回一个作业 ID。如果需要查看作业的运行状态，可以使用 wait_until_status()函数。该函数会不断向 Ray 集群发起请求，以检查作业的当前状态。

与命令行操作类似，在 submit_job()方法中，可以通过 runtime_env 参数来指定作业的工作目录或所需的 Python 包依赖。此外，entrypoint_num_cpus 和 entrypoint_num_gpus 参数用于指定作业入口（__main()__函数）所需的 CPU 和 GPU 计算资源数量。

7.3.3 Ray 客户端

Ray 客户端指的是在 Python 中使用 ray.init()函数直接指定 Ray 集群的地址：ray.init("ray://<head-node-host>:<port>")。

提 示

注意，Ray 集群默认的客户端服务端口为 10001。如果需要使用不同的端口，可以在启动 Ray 集群头节点时，通过--ray-client-server-port 参数进行设置。

客户端可以在个人计算机上运行，允许用户以交互方式调用 Ray 集群的计算资源。然而，需要注意的是，客户端的某些功能可能不如命令行工具和 Python. SDK 那样全面。对于执行复杂任务，建议优先使用命令行工具或 Python SDK。

ray.init()函数也接受 runtime_env 参数，该参数用于指定所需的 Python 包版本或工作目录。与 Ray Jobs 命令行工具类似，Ray 会将指定工作目录中的数据传输到 Ray 集群上。

如果客户端与 Ray 集群的连接中断，客户端创建的所有分布式对象或引用将被销毁。在客户端与 Ray 集群意外断开连接的情况下，Ray 会尝试在 30 秒后重新建立连接。如果重新连接失败，Ray 将销毁所有相关的引用。用户可以通过设置环境变量 RAY_CLIENT_RECONNECT_GRACE_PERIOD 来自定义重连尝试的时间间隔。

第 8 章 Ray Data

本章将主要介绍 Ray Data 的工作原理，以及 Modin，这是一个在 Ray 之上实现的 Pandas 接口，用于加速数据处理任务。

8.1 Ray Data 简介

Ray Data 是一个构建在 Ray Core 之上的数据处理框架，主要针对机器学习模型训练或推理过程中的数据准备和处理问题，这些问题通常被称为数据的“最后一公里”问题。与 Dask DataFrame、Modin、Vaex 等其他数据处理框架相比，Ray Data 具有更高的通用性，不仅能够处理二维表格数据，还能够处理图像和视频等非结构化数据类型。然而，Ray Data 的通用性也意味着它在某些专业数据处理操作方面可能不如一些更专注的框架精细，例如 groupby 操作可能在性能或功能上相对较为粗糙。

Ray Data 提供了一个抽象类 ray.data.Dataset，它封装了数据并在其上实现了常见的大数据处理原语，这些原语覆盖了数据处理的大部分阶段。例如：

- 数据的读取，如读取 Parquet 文件等。
- 数据转换（Transformation）操作，如 map_batches()。
- 分组聚合操作，如 groupby()。
- 涉及数据在计算节点间交换的操作，如 random_shuffle()和 repartition()等。

8.1.1 关键概念

Ray Data 面向机器学习，其设计理念与机器学习的流程高度一致。它主要包括：

- 数据读取与存储。
- 数据转换。
- 机器学习特征预处理。
- 数据集与机器学习模型的紧密结合。

8.1.2 Dataset

Ray Data 主要基于 ray.data.Dataset 对象。Dataset 是一个分布式数据对象，它的底层基本单元是 Block。在 Ray Data 中，Dataset 实际上是一个分布式的 ObjectRef[Block]，其中 ObjectRef 是 Ray 用来表示分布式对象的引用。

Block 是一个数据结构，基于 Apache Arrow 格式构建，这是一种高效的列式存储格式，适用于在内存中处理和操作大量数据。

图 8.1 展示了一个由 3 个 Block 组成的 Dataset，每个 Block 包含 1 000 行数据。

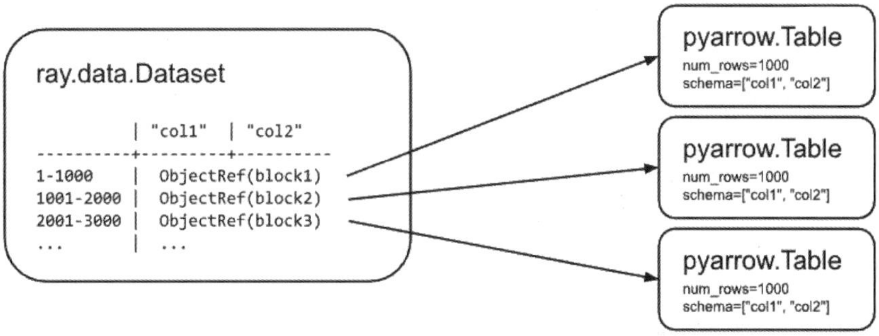

图 8.1 Ray Dataset 底层架构示意图

我们可以通过 from_*()系列 API 将数据从其他系统或格式导入为 Dataset 对象，例如 from_pandas()、from_spark()。也可以使用 read_*()系列 API 从持久化存储或文件系统中读取数据，例如 read_parquet()、read_json()等。

8.1.3 数据操作与底层实现

1. 数据读写

如图 8.2 所示，Ray Data 利用 Ray Task 并行地读写数据。Ray Task 的设计思想很直观：每个 Task 读取一小部分数据，从而生成多个数据块(Block)，读取时可以设置并行度(parallelism)。

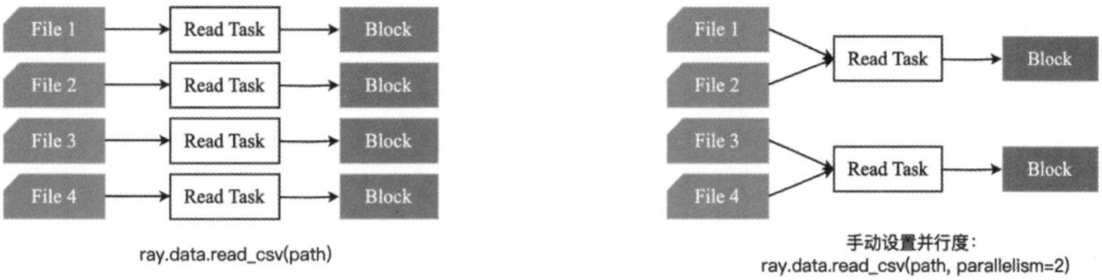

图 8.2 数据读取原理示意图

2. 数据转换

如图 8.3 所示，数据转换操作的底层使用 Ray Task 或 Ray Actor 对各个数据块（Block）进行操作。对于无状态的转换操作，底层实现主要使用 Ray Task；对于有状态的转换操作，底层实现主要使用 Ray Actor。

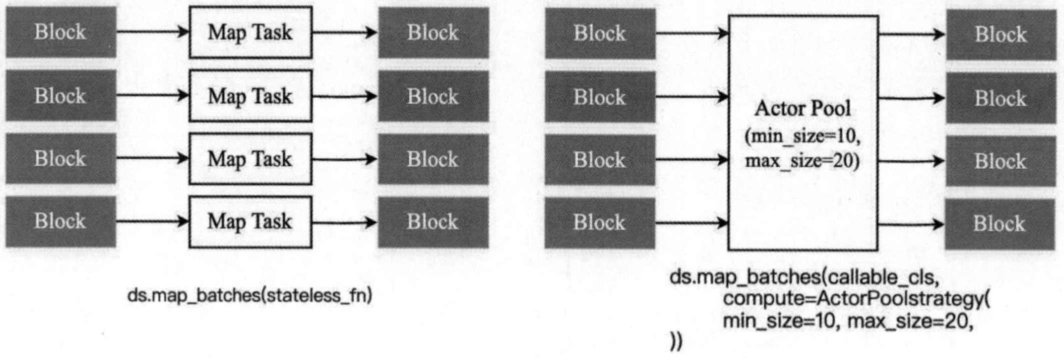

图 8.3　数据转换原理示意图

接下来，我们将详细介绍几类数据操作及其原理。

8.2　数据加载、查看与保存

Ray Data 兼容多种数据源，包括文件、内存数据和数据库。

8.2.1　加载数据

Ray Data 提供了多种预置的数据加载方法，包括读取文件、读取 Pandas DataFrame 这种内存数据以及读取数据库中的数据。本节将以纽约出租车司机的案例为例，演示如何读取 Parquet 文件。

首先，下载该数据，并使用 ray.data 提供的 read_parquet()方法读取数据，从而获得一个 Dataset 对象。

```
import sys
sys.path.append("..")
from utils import nyc_taxi

dataset_path = nyc_taxi()
dataset = ray.data.read_parquet(dataset_path)
dataset.take(1)
```

查看这份数据集的数据模式（Schema）：

```
dataset.schema()
```

运行结果如图 8.4 所示。

```
Column                 Type
------                 ----
VendorID               int64
tpep_pickup_datetime   timestamp[us]
tpep_dropoff_datetime  timestamp[us]
passenger_count        double
trip_distance          double
RatecodeID             double
store_and_fwd_flag     string
PULocationID           int64
DOLocationID           int64
payment_type           int64
fare_amount            double
extra                  double
mta_tax                double
tip_amount             double
tolls_amount           double
improvement_surcharge  double
total_amount           double
congestion_surcharge   double
airport_fee            double
```

图 8.4 运行结果 1

其他类型的文件格式（CSV、TFRecord 等）的读取方法如表 8.1 所示。

表 8.1 Ray Data 数据读取方法

数据格式	Parquet	Text	CSV	TFRecord	二 进 制
方法	read_parquet()	read_text()	read_csv()	read_tfrecords()	read_binary_files()

1. 列裁剪与行裁剪

原始文件包含很多列（Column）。如果我们只关心某些特定的列，例如 passenger_count、tip_amount、payment_type 等，可以使用 read_parquet()方法的 columns 参数来筛选这些列。

```
dataset = ray.data.read_parquet(
    dataset_path,
    columns=["passenger_count", "tip_amount", "payment_type"]
)
dataset.schema()
```

运行结果如图 8.5 所示。

```
Column           Type
------           ----
passenger_count  double
tip_amount       double
payment_type     int64
```

图 8.5 运行结果 2

在使用 columns 参数限制读取的列后，只有我们关心的列才会被读取，其他列不会被读取，这称为列裁剪。除了列裁剪外，Ray Data 还支持行裁剪，即仅读取满足特定条件的行。例如，过滤出 tip_amount 大于 6.0 的行：

```
import pyarrow as pa

dataset = ray.data.read_parquet(
    dataset_path,
    columns=["passenger_count", "tip_amount", "payment_type"],
    filter=pa.dataset.field("tip_amount") > 6.0
)
dataset.show(limit=2)
```

运行结果如图 8.6 所示。

```
{'passenger_count': 1.0, 'tip_amount': 8.82, 'payment_type': 1}
{'passenger_count': 1.0, 'tip_amount': 16.35, 'payment_type': 1}
```

图 8.6　运行结果 3

2. 并行度

8.1 节提到，Ray Data 背后使用 Task 或 Actor 将数据处理过程并行化。在读取数据时，可以通过设置 parallelism 参数来优化并行数据的处理过程。Ray Data 提供的各类数据读取方法（例如 read_parquet()）都可以设置 parallelism 参数以控制底层的并行执行过程。如果不设置 parallelism，Ray Data 会通过以下方式自动确定并行度（parallelism）：

- 获取集群中可用的 CPU 核数。
- parallelism 被设置为 CPU 核数的 2 倍。如果 parallelism 小于 8，则将它设置为 8。
- 估计每个 Block 的大小，如果每个 Block 的平均大小大于 512MiB，则 Ray 增大 parallelism，直到每个 Block 小于 512MiB。

用户也可以根据数据的实际情况手动设置 parallelism，例如，使用 ray.data.read_parquet(path,parallelism=512)将强制生成 512 个 Ray Task 来并行读取数据。

8.2.2　查看数据

查看数据包括查看数据的模式、数据的某些行或某些批次。例如，可以使用之前介绍的 show()方法，以及接下来将要介绍的 count()和 take()方法等。

查看数据集的样本数量：

```
dataset.count()
```

运行结果如图 8.7 所示。

```
5324349
```

图 8.7 运行结果 4

查看数据的某几行，可以使用 Dataset.take()或 Dataset.take_all()方法。take()方法用于从 Dataset 中取出某几行数据，并以字典的形式打印出来，其中字典的 Key 是字段名，值（Value）是对应的数据值。

```
dataset.take(limit=1)
```

运行结果如图 8.8 所示。

```
[{'passenger_count': 1.0, 'tip_amount': 15.0, 'payment_type': 1}]
```

图 8.8 运行结果 5

此外，还可以将 Dataset 拆分为小的批次（Batch），使用 Dataset.take_batch()方法查看一个批次的数据。take_batch()方法的一个重要参数是 batch_size，用于设置每个批次的大小。

```
batch = dataset.take_batch(batch_size=2)
batch
```

运行结果如图 8.9 所示。

```
{'passenger_count': array([1., 1.]),
 'tip_amount': array([15., 10.]),
 'payment_type': array([1, 1])}
```

图 8.9 运行结果 6

8.2.3 迭代数据

1. 顺序迭代

Ray Data 提供了两种迭代数据的方法：Dataset.iter_rows()和 Dataset.iter_batches()。iter_rows()用于逐步迭代每一行，而 iter_batches()用于逐次迭代每一个批次。

例如，迭代前 5 行：

```
cnt = 0
for row in dataset.iter_rows():
    cnt += 1
    if cnt > 5:
        break
    print(row)
```

运行结果如图 8.10 所示。

```
{'passenger_count': 1.0, 'tip_amount': 15.0, 'payment_type': 1}
{'passenger_count': 1.0, 'tip_amount': 10.0, 'payment_type': 1}
{'passenger_count': 1.0, 'tip_amount': 10.74, 'payment_type': 1}
{'passenger_count': 4.0, 'tip_amount': 7.75, 'payment_type': 1}
{'passenger_count': 1.0, 'tip_amount': 6.22, 'payment_type': 1}
```

图 8.10　运行结果 7

或者迭代前 5 个批次：

```
cnt = 0
for batch in dataset.iter_batches(batch_size=2):
    cnt += 1
    if cnt > 5:
        break
    print(batch)
```

运行结果如图 8.11 所示。

```
{'passenger_count': array([1., 1.]), 'tip_amount': array([15., 10.]), 'payment_type': array(
{'passenger_count': array([1., 4.]), 'tip_amount': array([10.74,  7.75]), 'payment_type': ar
{'passenger_count': array([1., 2.]), 'tip_amount': array([ 6.22, 13.26]), 'payment_type': ar
{'passenger_count': array([1., 1.]), 'tip_amount': array([15.85,  6.36]), 'payment_type': ar
{'passenger_count': array([1., 1.]), 'tip_amount': array([ 6.6 , 15.05]), 'payment_type': ar
```

图 8.11　运行结果 8

深度学习框架 PyTorch 和 TensorFlow 用于对批次数据进行训练或推理。为了更好地与这些框架融合，Ray Data 提供了 Dataset.iter_torch_batches()和 Dataset.iter_tf_batches()方法，这两个方法将数据转换为 PyTorch 和 TensorFlow 的 Tensor 数据格式。

```
cnt = 0
for batch in dataset.iter_torch_batches(batch_size=2):
    cnt += 1
    if cnt > 5:
        break
    print(batch)
```

运行结果如图 8.12 所示。

```
{'passenger_count': tensor([1., 1.], dtype=torch.float64), 'tip_amount': tensor([15., 10.],
{'passenger_count': tensor([1., 4.], dtype=torch.float64), 'tip_amount': tensor([10.7400,  7
{'passenger_count': tensor([1., 2.], dtype=torch.float64), 'tip_amount': tensor([ 6.2200, 13
{'passenger_count': tensor([1., 1.], dtype=torch.float64), 'tip_amount': tensor([15.8500,  6
{'passenger_count': tensor([1., 1.], dtype=torch.float64), 'tip_amount': tensor([ 6.6000, 15
```

图 8.12　运行结果 9

2. 随机迭代

在机器学习中，经常需要对样本数据进行随机洗牌（Shuffle）。Ray Data 提供了两种洗牌方式：

- 全量数据 Shuffle（洗牌）。
- 本地缓存 Shuffle（洗牌）。

Dataset.random_shuffle()方法用于对全量数据进行洗牌。这意味着散落在不同计算节点的数据将相互交换，导致大量节点间的通信开销，因此速度较慢。

本地缓存 Shuffle 是指在计算节点上使用一块缓存区域对缓存区域的数据进行洗牌（打乱重排）。虽然这种方式的随机性会降低，但性能通常优于全量数据洗牌，速度快很多，节点间的通信开销也大大降低。可以在迭代方法中使用 local_shuffle_buffer_size 参数来设置缓存区域的大小，并用 local_shuffle_seed 设置随机种子。

例如，以下代码设置一块缓存区域，该缓存区域至少包含 250 行数据，也就是说，在至少 250 行数据上进行洗牌（打乱重排）。

```
    cnt = 0
    for batch in dataset.iter_torch_batches(batch_size=2,
local_shuffle_buffer_size=250):
        cnt += 1
        if cnt > 5:
            break
        print(batch)
```

运行结果如图 8.13 所示。

```
{'passenger_count': tensor([2., 2.], dtype=torch.float64), 'tip_amount': tensor([8.1800, 8.0
{'passenger_count': tensor([4., 1.], dtype=torch.float64), 'tip_amount': tensor([20.1400, 10
{'passenger_count': tensor([1., 1.], dtype=torch.float64), 'tip_amount': tensor([15.8600,  7
{'passenger_count': tensor([2., 1.], dtype=torch.float64), 'tip_amount': tensor([15.0000, 10
{'passenger_count': tensor([1., 1.], dtype=torch.float64), 'tip_amount': tensor([10.5600,  6
```

图 8.13 运行结果 10

提 示

本地缓存 Shuffle 是一种在随机性和性能之间平衡的策略。在机器学习中，数据的随机性越高，机器学习模型的准确性也越高。

8.2.4 保存数据

数据的保存可分为两类：

- 数据保存到本地或共享的文件系统，例如本地文件系统或 S3。
- 数据转换为其他格式或写入特定的数据库，例如 Pandas 或 MongoDB。

1. 写入文件系统

在使用HDFS、S3或其他文件系统时，Ray Data遵守表4.2中提及的URI和文件系统Scheme的标准，应在 URI 中明确指定 Scheme 信息。

表 8.2 列举了将 Dataset 保存为不同文件格式的几个 API 方法。

表 8.2　将 Dataset 写入文件系统

数据格式	Parquet	CSV	JSON	TFRecord
方法	Dataset.write_parquet()	Dataset.write_csv()	Dataset.write_json()	Dataset.write_tfrecords()

将数据持久化到文件系统时，需注意写明文件系统的 Scheme。例如，写入本地的/tmp/trip 目录：

```
dataset.write_parquet("local:///tmp/trip")
```

默认情况下，Ray Data 在写入数据时，会将它以多个文件的形式存储在文件系统中，每个 Block 对应一个文件，有多少个 Block 就会生成多少个文件。可以使用 repartition()来调整文件数量：

```
if os.path.exists("/tmp/files/"):
    shutil.rmtree("/tmp/files/")
dataset.repartition(3).write_csv("/tmp/files/")
print(os.listdir("/tmp/files/"))
```

运行结果如图 8.14 所示。

```
['10_000002_000000.csv', '10_000000_000000.csv', '10_000001_000000.csv']
```

图 8.14　运行结果 11

2. 转换成其他框架格式

我们可以将Ray Data的数据转换为单机运行的Pandas DataFrame或分布式的Dask DataFrame，如表 8.3 所示。

表 8.3　将 Dataset 保存为其他框架的数据格式

框　　架	Pandas	Dask	Spark
方法	Dataset.to_pandas()	Dataset.to_dask()	Dataset.to_spark()

8.3　数据转换

数据处理的核心在于对数据进行一系列的转换（Transform），例如：

- 如何对单个数据记录或一批数据记录进行转换。
- 如何执行数据的分组操作（groupby）。

8.3.1　转换

1. map()与 map_batches()

Ray Data 提供了两类数据转换操作，如图 8.15 所示。这两类转换操作都属于典型的 Embarrassingly Parallel 计算模式，没有 Shuffle 通信成本。

- 对于单行数据，可以用 Dataset.map()和 Dataset.flat_map()这两个 API，即对每一条数据逐条进行转换。这与其他大数据框架（如 Spark 或 Flink）类似：输入一条数据，输出一条数据。
- 将多行数据打包为一个批次（Batch），并对批次数据进行转换：Dataset.map_batches()。输入一个 Batch，输出一个 Batch。

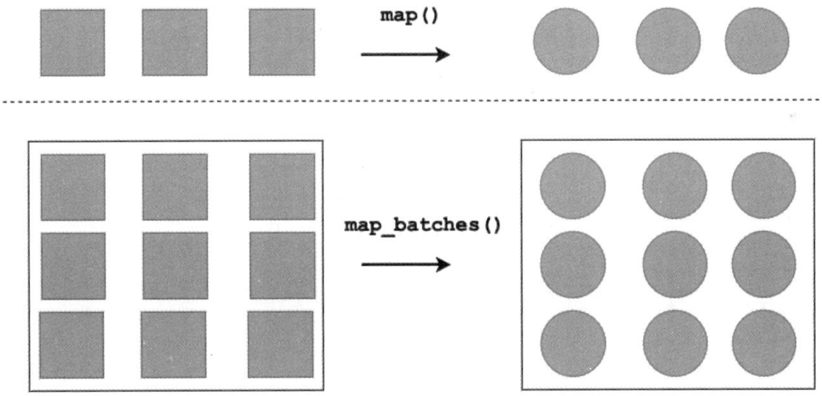

图 8.15　map()和 map_batches()对比

2. 案例：纽约出租车

我们仍以纽约出租车数据为例，演示如何使用这两类转换操作。

```
import os
import sys
from typing import Any, Dict

sys.path.append("..")
```

```
from utils import nyc_taxi

import numpy as np
import pandas as pd
import torch
import ray

import warnings
warnings.simplefilter(action='ignore', category=FutureWarning)

if ray.is_initialized:
    ray.shutdown()

ray.init()
```

读取数据到 Dataset 类，查看原有的数据格式。

```
dataset_path = nyc_taxi()
dataset = ray.data.read_parquet(dataset_path)
dataset.take(1)
```

运行结果如图 8.16 所示。

```
[{'VendorID': 1,
  'tpep_pickup_datetime': datetime.datetime(2023, 2, 1, 0, 32, 53),
  'tpep_dropoff_datetime': datetime.datetime(2023, 2, 1, 0, 34, 34),
  'passenger_count': 2.0,
  'trip_distance': 0.3,
  'RatecodeID': 1.0,
  'store_and_fwd_flag': 'N',
  'PULocationID': 142,
  'DOLocationID': 163,
  'payment_type': 2,
  'fare_amount': 4.4,
  'extra': 3.5,
  'mta_tax': 0.5,
  'tip_amount': 0.0,
  'tolls_amount': 0.0,
  'improvement_surcharge': 1.0,
  'total_amount': 9.4,
  'congestion_surcharge': 2.5,
  'airport_fee': None}]
```

图 8.16　运行结果 12

提　示

Ray Data 的各类操作都是延迟（Lazy）执行的，即这些操作不会立即执行，而是遇到数据查看或保存操作时才会执行，例如遇到 show()、take()、iter_rows()、write_parquet()等操作才会触发转换操作。

map(fn)最重要的参数是一个自定义函数 fn，该函数对每条输入数据进行转换，并返回一条输出数据。在下面这个例子中，我们自定义了函数 transform_row，提取了每次订单的时长、距离和价格，忽略了其他字段，重点关注 tpep_dropoff_datetime 和 tpep_pickup_datetime 两个字段。map(fn)的 fn 作用于一条数据，函数的输入类型是一个字典（Dict），它的键是 Schema 的字段名。

```
def transform_row(row: Dict[str, Any]) -> Dict[str, Any]:
    result = {}
    result["trip_duration"] = (row["tpep_dropoff_datetime"] - 
row["tpep_pickup_datetime"]).total_seconds()
    result["trip_distance"] = row["trip_distance"]
    result["fare_amount"] = row["fare_amount"]
    return result

row_ds = dataset.map(transform_row)
row_ds.take(1)
```

运行结果如图 8.17 所示。

```
[{'trip_duration': 506.0, 'trip_distance': 0.97, 'fare_amount': 9.3}]
```

图 8.17　运行结果 13

与 map()不同，map_batches()是针对数据的一个批次（Batch）进行处理的函数。它模拟在单机处理环境中对整个数据集的操作。map_batches()的设计宗旨是为了方便开发者将原本为单机环境编写的程序代码无缝迁移到 Ray 平台上。map_batches()每个批次的数据格式为 Dict[str,np.ndarray]、pd.DataFrame 或 pyarrow.Table，分别对应 NumPy、Pandas 和 Arrow。

下面的例子展示了如何使用 Pandas 的形式对每个批次（Batch）进行操作，它的功能与之前展示的 map()案例类似，但通过 Pandas DataFrame 来实现。

```
def transform_df(input_df: pd.DataFrame) -> pd.DataFrame:
    result_df = pd.DataFrame()
    result_df["trip_duration"] = (input_df["tpep_dropoff_datetime"] - 
input_df["tpep_pickup_datetime"]).dt.seconds
    result_df["trip_distance"] = input_df["trip_distance"]
    result_df["fare_amount"] = input_df["fare_amount"]
    return result_df

batch_ds = dataset.map_batches(transform_df, batch_format="pandas")
batch_ds.take(1)
```

运行结果如图 8.18 所示。

```
[{'trip_duration': 506, 'trip_distance': 0.97, 'fare_amount': 9.3}]
```

图 8.18　运行结果 14

在实现 map()或 map_batch()时，也可以使用 Python 的 Lambda 表达式，即一个匿名的 Python 函数。例如：

```
filtered_dataset = dataset.map_batches(lambda df: df[df["trip_distance"] > 4], batch_format="pandas")
print(f"过滤后的行数：{filtered_dataset.count()}")
```

运行结果如图 8.19 所示。

```
过滤后的行数：8109022
```

图 8.19　运行结果 15

3. Task 与 Actor

转换操作本质上是执行一个函数 fn，该函数接收输入数据，并进行处理和转换，然后产生输出数据。在默认设置下，Ray Data 通过 Ray Task 并行执行这些转换操作。Ray Task 适用于无状态的计算场景，即函数 fn 内部不依赖于外部数据。当涉及有状态的计算时，例如需要重复使用的数据或资源，应该使用 Ray Actor。例如，在机器学习模型预测的场景中，模型需要加载并用于对不同的数据集进行预测。在这种情况下，模型的状态是被反复使用的，因此属于有状态的计算。以下示例演示了模拟的机器学习模型预测过程。需要注意的是，示例中使用的并非一个训练好的模型，而是一个等价的变换 torch.nn.Identity()，它将输入数据直接作为输出，不做任何改变。

```
class TorchPredictor:

    def __init__(self):
        self.model = torch.nn.Identity()
        self.model.eval()

    def __call__(self, df: pd.DataFrame) -> Dict[str, np.ndarray]:
        pred = {}
        inputs = torch.as_tensor(df['trip_distance'], dtype=torch.float32)
        with torch.inference_mode():
            pred["output"] = self.model(inputs).detach().numpy()
        return pred
```

```
    pred_ds = batch_ds.limit(100).map_batches(TorchPredictor,
compute=ray.data.ActorPoolStrategy(size=2))
    pred_ds.take(3)
```

运行结果如图 8.20 所示。

```
[{'output': 0.9700000286102295},
 {'output': 1.100000023841858},
 {'output': 2.509999990463257}]
```

图 8.20　运行结果 16

使用 Actor 的过程大致可以分为 3 个步骤：

步骤 01 创建一个类，该类包含一个__init__()方法和一个__call__()方法。__init__()方法用于初始化可以被多次使用的状态数据，而__call__()方法定义了转换操作的逻辑。例如，可以参考前面实现的 TorchPredictor 类。

步骤 02 创建一个 ActorPoolStrategy 实例，并指定 Worker 的数量。

步骤 03 在调用 map_batch()方法时，将 ActorPoolStrategy 作为 compute 参数的值传递。

8.3.2　分组

数据处理中，另一个常用的操作是分组聚合。Ray Data 提供了 groupby()函数。首先使用 groupby()对数据按照特定字段进行分组，然后通过 map_groups()对分组后的数据执行聚合操作。

groupby(key)的参数 key 指定了用于分组的字段；map_groups(fn)的参数 fn 定义了对同一组数据执行的操作。Ray Data 内置了一些聚合函数，包括常用的求和 sum()、最大值 max()、平均值 mean()等。例如，可以使用 mean()对 value 字段进行聚合。

```
    ds = ray.data.from_items([
        {"group": 1, "value": 1},
        {"group": 1, "value": 2},
        {"group": 2, "value": 3},
        {"group": 2, "value": 4}])
    mean_ds = ds.groupby("group").mean("value")
    mean_ds.show()
```

运行结果如图 8.21 所示。

```
{'group': 1, 'mean(value)': 1.5}
{'group': 2, 'mean(value)': 3.5}
```

图 8.21　运行结果 17

8.4 Preprocessor

8.3 节介绍了较为通用的 map()和 map_batches()函数。对于结构化的表格类数据，Ray Data 提供了预处理器（Preprocessor），这是一系列特征处理操作，旨在更好地与机器学习模型的训练和推理结合。它的使用方式与 Scikit-learn 的 sklearn.preprocessing 非常相似，熟悉 Scikit-learn 的用户可以快速迁移到 Ray Data。对于非结构化数据，如图片、视频等，建议继续使用 map()或 map_batches()。

8.5 Modin

Ray Data 提供的数据处理工具设计较为简单，主要适用于基础的数据转换任务，能提供的复杂的数据处理功能可能不够多。Modin 是一个旨在提高 Pandas 性能的框架，它通过将大数据分割并分布到多核和集群上，实现对大数据集的高效处理。最初，Modin 底层使用了 Ray 作为其分布式执行引擎，有时也被称为“Ray 上的 Pandas”。随后，Modin 集成了 Dask 和 unidist 执行引擎，其中 unidist 是 Modin 团队开发的分布式执行引擎。

安装 Modin 时，用户可以根据需要选择并安装相应的执行引擎，例如使用 pip install modin[ray]或 pip install modin[dask]。Modin 默认使用 Ray 作为其执行引擎。

8.5.1 API 的兼容性

Dask DataFrame 与 Pandas DataFrame 存在不少差异，许多 Pandas 工作流不能快速迁移到 Dask DataFrame。Modin 特别重视与 Pandas 的兼容性，用户通过 import modin.pandas as pd，大部分 Pandas 工作流可以迅速迁移到 Modin。

Dask DataFrame 按列对大数据进行切分，并未记录每个分区的数据量。相比之下，Modin 在多个维度上对数据进行切分，并保留行标签和列标签。Modin 支持 iloc()行索引；记录每个数据块的数据量，从而可以支持 median()、quantile()等操作；同时支持行和列的转换操作，如 pivot()、transpose()等。关于 Modin 的设计，可以参考相关的两篇论文[12][13]。

```
import os

import sys
sys.path.append("..")
from utils import nyc_flights

folder_path = nyc_flights()
file_path = os.path.join(folder_path, "nyc-flights","*.csv")
```

提 示

Modin 的 API 设计旨在与 Pandas 保持一致。例如，Pandas 的 read_csv()函数只能读取单个文件，不支持*.csv 这样的通配符。Modin 扩展了 read_csv()，引入了 read_csv_glob()方法，该方法可以读取*.csv 通配符匹配的文件，适用于处理大规模数据集。这些新增的API 位于 modin.experimental.pandas 模块中。

```
import modin.experimental.pandas as pd
df = pd.read_csv_glob(file_path, parse_dates={'Date': [0, 1, 2]})
df.iloc[3]
```

运行结果如图 8.22 所示。

```
Date                    1991-01-11 00:00:00
DayOfWeek                                 5
DepTime                              1303.0
CRSDepTime                             1215
ArrTime                              1439.0
CRSArrTime                             1336
UniqueCarrier                            US
FlightNum                               121
TailNum                                 NaN
ActualElapsedTime                      96.0
CRSElapsedTime                           81
AirTime                                 NaN
ArrDelay                               63.0
DepDelay                               48.0
Origin                                  EWR
Dest                                    PIT
Distance                              319.0
TaxiIn                                  NaN
TaxiOut                                 NaN
Cancelled                                 0
Diverted                                  0
Name: 3, dtype: object
```

图 8.22 运行结果 18

```
df['ArrDelay'].median()
```

运行结果如图 8.23 所示。

```
0.0
```

图 8.23 运行结果 19

如果 Modin 中尚未实现某些 API，它会回退到 Pandas，以确保兼容性。然而，这种设计也存在明显的缺点：将 Modin 的 DataFrame 转换为 Pandas DataFrame 时会产生额外开销；若DataFrame 原本分布在多个节点上，转换过程中数据将被集中到单机内存，这可能会超出单机内存的承载能力。

8.5.2 立即执行

Modin 的计算是立即执行的，与 Pandas 一致。用户无须像使用 Dask 那样调用.compute()方法来触发计算。Modin 不需要 Dask DataFrame 的数据类型推断功能。在 4.2 节中提到的飞机起降数据示例中，Dask DataFrame 的 tail()方法可能会抛出异常，而 Modin 则能够提供与 Pandas 相同的语义。

```
df.tail(3)
```

运行结果如图 8.24 所示。

	Date	DayOfWeek	DepTime	CRSDepTime	ArrTime	CRSArrTime	UniqueCarrier
1555982	1994-12-27	2	1721.0	1715	1930.0	1945	DL
1555983	1994-12-28	3	1715.0	1715	1934.0	1945	DL
1555984	1994-12-29	4	1715.0	1715	1941.0	1945	DL

3 rows x 21 columns

图 8.24 运行结果 20

8.5.3 执行引擎

Modin 支持 Ray、Dask 和 unidist 三种分布式执行引擎，可以利用单机多核或集群资源。以 Ray 为例，用户可以向 Ray 集群提交作业，在代码中通过 ray.init(address="auto")初始化 Ray 后，作业将在 Ray 集群上运行。

Modin 默认使用 Ray 作为执行引擎，也可以通过设置环境变量 MODIN_ENGINE 来选择其他执行引擎。在命令行中，可以使用 **export MODIN_ENGINE=dask;**来设置，或在 Jupyter Notebook 中，可以通过 **import modin.config as modin_cfg** 和 **modin_cfg.Engine.put("ray")**进行设置。

undist 是 Modin 自己实现的一个执行引擎，支持 MPI，如果想使用 undist 的 MPI 功能，除了设置 MODIN_ENGINE 外，还需要设置 UNIDIST_BACKEND：

```
export MODIN_ENGINE=unidist
export UNIDIST_BACKEND=mpi
```

8.5.4 案例：纽约市出租车数据分析

我们将使用 Modin 对纽约市出租车数据进行分析。

```
%matplotlib inline
import matplotlib_inline
matplotlib_inline.backend_inline.set_matplotlib_formats('svg')
```

```
import matplotlib.pyplot as plt
from utils import nyc_taxi

taxi_path = nyc_taxi()
```

我们先读取数据。使用 read_parquet_glob()与通配符*可以直接读取多个 Parquet 文件，但在这里我们仅使用 read_parquet()。

```
df = pd.read_parquet(os.path.join(taxi_path,
"yellow_tripdata_2023-01.parquet"))

df.head()
```

运行结果如图 8.25 所示。

	VendorID	tpep_pickup_datetime	tpep_dropoff_datetime	passenger_count
0	2	2023-01-01 00:32:10	2023-01-01 00:40:36	1.0
1	2	2023-01-01 00:55:08	2023-01-01 01:01:27	1.0
2	2	2023-01-01 00:25:04	2023-01-01 00:37:49	1.0
3	1	2023-01-01 00:03:48	2023-01-01 00:13:25	0.0
4	2	2023-01-01 00:10:29	2023-01-01 00:21:19	1.0

图 8.25　运行结果 21

下面展示数据预处理部分。

```
df = df.dropna(subset=['total_amount', 'RatecodeID'])

# 转换数据类型
df['tpep_pickup_datetime'] = pd.to_datetime(df['tpep_pickup_datetime'])
df['tpep_dropoff_datetime'] = pd.to_datetime(df['tpep_dropoff_datetime'])

# 计算行程时长
df['trip_duration'] = (df['tpep_dropoff_datetime'] -
df['tpep_pickup_datetime']).dt.total_seconds() / 60
```

接下来，我们将对数据进行条件筛选，并使用 groupby()方法对数据进行分组。

```
# 选择含有非零乘客的行程
non_zero_passenger_df = df[df['passenger_count'] > 0]
average_trip_duration = non_zero_passenger_df['trip_duration'].mean()
print("平均行程时长（非零乘客）：")
print(average_trip_duration)

# 按支付方式分组，计算总费用的分布
```

```
    total_amount_by_payment =
non_zero_passenger_df.groupby('payment_type')['total_amount'].sum()
    print("按支付方式分组的总费用:")
    print(total_amount_by_payment)

    # 对支付方式分组的数据进行排序
    sorted_total_by_payment =
total_amount_by_payment.sort_values(ascending=False)
    print("\n 按总费用降序排序的支付方式:")
    print(sorted_total_by_payment)

    # 按乘客数量分组，计算平均行程距离和总费用
    avg_distance_amount_by_passenger = df.groupby('passenger_count').agg({
        'trip_distance': 'mean',
        'total_amount': 'mean'
    })
    print("\n 按乘客数量分组的平均行程距离和总费用:")
    print(avg_distance_amount_by_passenger)
```

运行结果如图 8.26 所示。

```
平均行程时长 (非零乘客) :
15.68557239550762
按支付方式分组的总费用:
payment_type
1    67232359.58
2    12062049.01
3      165402.32
4       79019.28
Name: total_amount, dtype: float64

按总费用降序排序的支付方式:
payment_type
1    67232359.58
2    12062049.01
3      165402.32
4       79019.28
Name: total_amount, dtype: float64

按乘客数量分组的平均行程距离和总费用:
                 trip_distance  total_amount
passenger_count
0.0                   2.761904     24.162124
1.0                   3.338169     26.443472
2.0                   3.931051     29.313282
3.0                   3.664393     28.475420
4.0                   3.812581     29.611602
5.0                   3.282478     26.588261
6.0                   3.250963     26.558484
7.0                   4.238333     85.111667
8.0                   4.270769     99.336923
9.0                   0.000000     92.250000
```

图 8.26　运行结果 22

我们接着使用 apply()对数据进行操作，并使用 pivot_table()创建数据透视表。

```
# 应用函数计算含税车费
df['fare_with_tax'] = df.apply(lambda row: row['fare_amount'] + row['mta_tax'], axis=1)
print("计算含税车费:")
print(df[['fare_amount', 'mta_tax', 'fare_with_tax']].head())

# 重塑数据创建数据透视表
pivot_table = df.pivot_table(values='total_amount', index='DOLocationID', columns='payment_type', aggfunc='mean')
print("\n 数据透视表（总费用按下车地点和支付方式）:")
print(pivot_table.head())
```

运行结果如图 8.27 所示。

```
计算含税车费:
   fare_amount  mta_tax  fare_with_tax
0          9.3      0.5            9.8
1          7.9      0.5            8.4
2         14.9      0.5           15.4
3         12.1      0.5           12.6
4         11.4      0.5           11.9

数据透视表（总费用按下车地点和支付方式）:
payment_type           1           2          3          4
DOLocationID
1             130.041868  108.956124  73.196774   1.598767
2              58.446250   31.411538        NaN   0.000000
3              62.407438   65.358209   1.500000  12.360000
4              27.395179   20.115848  12.228704   2.635455
5             103.328113  135.500000        NaN        NaN
```

图 8.27 运行结果 23

最后展示可视化部分。

```
# 绘制乘客数量分组的平均行程距离和总费用柱状图
fig, ax1 = plt.subplots(figsize=(10, 6))
avg_distance_amount_by_passenger['trip_distance'].plot(kind='bar', color='blue', ax=ax1, position=1, width=0.4)
ax1.set_ylabel('Average Trip Distance (miles)', color='blue')
ax2 = ax1.twinx()
avg_distance_amount_by_passenger['total_amount'].plot(kind='bar', color='red', ax=ax2, position=0, width=0.4)
ax2.set_ylabel('Average Total Amount ($)', color='red')
plt.title('Average Trip Distance and Total Amount by Passenger Count')
ax1.set_xlabel('Passenger Count')
plt.grid(True)
```

```
plt.show()
```

运行结果如图 8.28 所示。

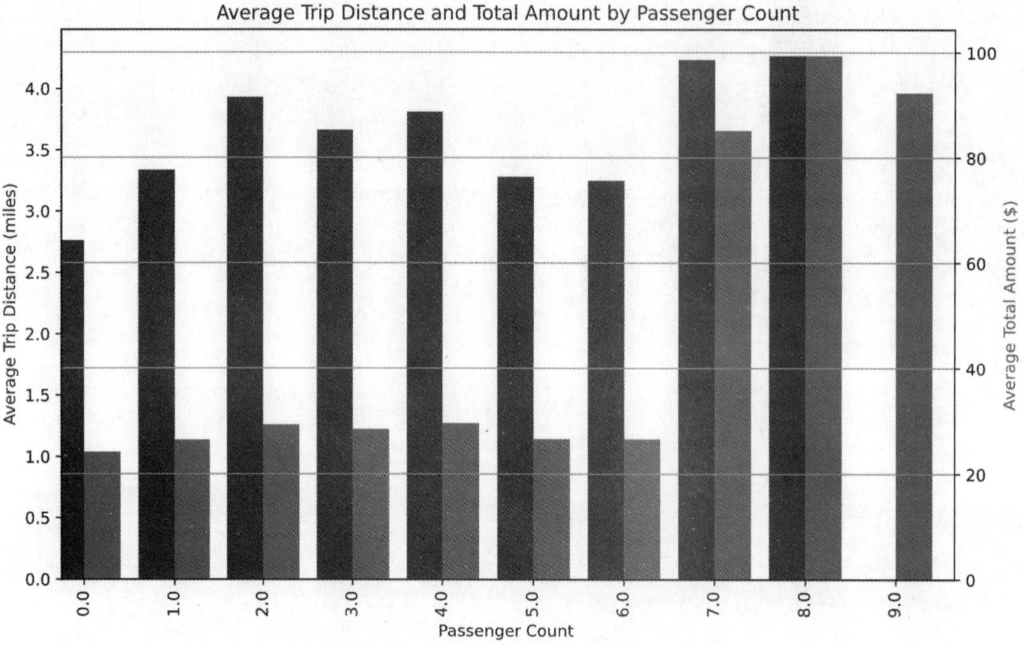

图 8.28　运行结果 24

第 9 章

Ray 机器学习

本章将聚焦于 Ray 机器学习，主要介绍 Ray Train 和 Ray Tune 等库的使用。这些库基于 Ray 的分布式计算能力，面向机器学习和深度学习应用，并深度集成了 PyTorch、TensorFlow、Hugging Face Transformers、XGBoost Scikit-learn 等机器学习库。

9.1 Ray Train

Ray Train 利用 Ray 的 Actor 和 Task 对机器学习和深度学习训练流程进行了封装，实现了单机任务的横向扩展。简单来说，Ray Train 将单机机器学习任务封装在 Actor 中，每个 Actor 都拥有一个独立的机器学习模型副本，能够独立完成训练任务。通过 Actor 的横向扩展能力，Ray Train 使得训练任务能够在 Ray 集群上进行扩展。

Ray Train 封装了 PyTorch、PyTorch Lightning、HuggingFace Transformers、XGBoost、LightGBM 等常用机器学习库，并向用户提供了接口。用户无须编写 Actor 代码，只需对原有的单机机器学习工作流进行少量修改，就能快速切换到集群模式。以 PyTorch 为例，本节介绍如何基于数据并行实现训练任务的横向扩展。数据并行的原理详见 12.3 节。

9.1.1 关键步骤

要将 PyTorch 单机训练代码修改为 Ray Train，需要执行以下步骤：

- 定义 train_loop，负责单节点训练，包括加载数据和更新参数。
- 定义 ScalingConfig，确定训练作业的横向扩展方式，如计算节点数量和是否使用 GPU 等。
- 定义 Trainer，结合 train_loop 和 ScalingConfig，然后调用 Trainer.fit()方法进行训练。

图 9.1 展示了适配 Ray Train 的关键部分。

具体的代码如下：

```
from ray.train.torch import TorchTrainer
from ray.train import ScalingConfig

def train_loop():
```

```
    ...

    scaling_config = ScalingConfig(num_workers=..., use_gpu=...)
    trainer = TorchTrainer(train_loop_per_worker=train_loop,
scaling_config=scaling_config)
    result = trainer.fit()
```

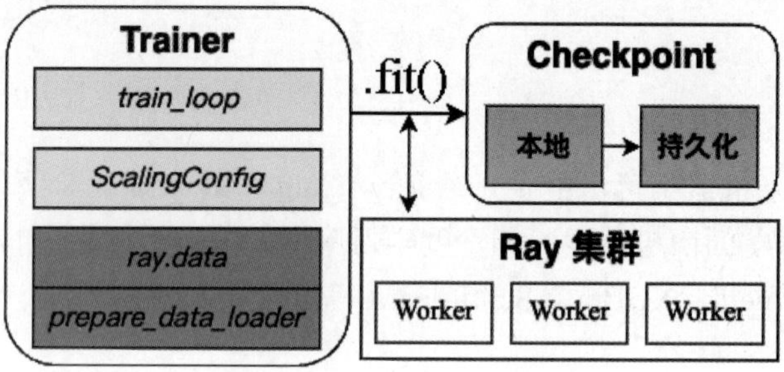

图 9.1　Ray Train 关键部分

9.1.2　案例：图像分类

下面是一个完整的训练示例，使用了 PyTorch 提供的 ResNet 模型[14]。读者可以根据自己环境中的 GPU 数量来设置 ScalingConfig。

```
import os
import tempfile

import torch
import torch.nn as nn
import torchvision
from torch.utils.data import DataLoader
from torchvision.models import resnet18

import ray
import ray.train.torch
from ray.train import Checkpoint

def train_func(model, optimizer, criterion, train_loader):
    # device = torch.device("cuda" if torch.cuda.is_available() else "cpu")
    model.train()
    for data, target in train_loader:
        # 无须手动将 images 和 labels 发送到指定的 GPU 上
        # prepare_data_loader 帮助完成了这个过程
        # data, target = data.to(device), target.to(device)
```

```
        output = model(data)
        loss = criterion(output, target)
        optimizer.zero_grad()
        loss.backward()
        optimizer.step()


def test_func(model, data_loader):
    # device = torch.device("cuda" if torch.cuda.is_available() else "cpu")
    model.eval()
    correct = 0
    total = 0
    with torch.no_grad():
        for data, target in data_loader:
            # data, target = data.to(device), target.to(device)
            outputs = model(data)
            _, predicted = torch.max(outputs.data, 1)
            total += target.size(0)
            correct += (predicted == target).sum().item()

    return correct / total

data_dir = os.path.join(os.getcwd(), "../data")

def train_loop():
    # 加载数据并进行数据增强
    transform = torchvision.transforms.Compose(
        [torchvision.transforms.ToTensor(),
         torchvision.transforms.Normalize((0.5,), (0.5,))]
    )

    train_loader = DataLoader(
        torchvision.datasets.FashionMNIST(root=data_dir, train=True,
download=True, transform=transform),
        batch_size=128,
        shuffle=True)
    test_loader = DataLoader(
        torchvision.datasets.FashionMNIST(root=data_dir, train=False,
download=True, transform=transform),
        batch_size=128,
        shuffle=True)
```

```
    # 1. 将数据分发到多个计算节点
    train_loader = ray.train.torch.prepare_data_loader(train_loader)
    test_loader = ray.train.torch.prepare_data_loader(test_loader)

    # 原始的 ResNets 模型是为具有 3 个通道的图像设计的
    # FashionMNIST 为 1 的通道，修改 ResNet 第一层以适配这种输入
    model = resnet18(num_classes=10)
    model.conv1 = torch.nn.Conv2d(
        1, 64, kernel_size=(7, 7), stride=(2, 2), padding=(3, 3), bias=False
    )

    # 2. 将模型分发到多个计算节点和 GPU 上
    model = ray.train.torch.prepare_model(model)
    criterion = nn.CrossEntropyLoss()

    optimizer = torch.optim.Adam(model.parameters(), lr=0.001)

    # 训练 10 个 epoch
    for epoch in range(10):
        if ray.train.get_context().get_world_size() > 1:
            train_loader.sampler.set_epoch(epoch)

        train_func(model, optimizer, criterion, train_loader)
        acc = test_func(model, test_loader)

        # 3. 监控训练指标并保存 checkpoint
        metrics = {"acc": acc, "epoch": epoch}

        with tempfile.TemporaryDirectory() as temp_checkpoint_dir:
            torch.save(
                model.state_dict(),
                os.path.join(temp_checkpoint_dir, "model.pt")
            )
            ray.train.report(
                metrics,
                checkpoint=ray.train.Checkpoint.from_
directory(temp_checkpoint_dir),
            )
        if ray.train.get_context().get_world_rank() == 0:
            print(metrics)

# 4. 配置 ScalingConfig，Ray Train 根据这个配置将训练任务拓展到集群
```

```
scaling_config = ray.train.ScalingConfig(num_workers=4, use_gpu=True)

# 5. 使用 TorchTrainer 启动并行训练
trainer = ray.train.torch.TorchTrainer(
    train_loop_per_worker=train_loop,
    scaling_config=scaling_config,
    run_config=ray.train.RunConfig(
        storage_path=os.path.join(data_dir, "torch_ckpt"),
        name="exp_fashionmnist_resnet18",
    )
)
result = trainer.fit()
```

9.1.3　与原生 PyTorch 的区别

1. 与单机程序的区别

Ray Train 帮助用户将模型和数据自动分发到多个计算节点。在使用 Ray Train 时，用户需要设置 **model=ray.train.torch.prepare_model(model)**和 **train_loader=ray.train.torch.prepare _data_ loader(train_loader)**，设置之后，Ray Train 无须显式地调用 model.to("cuda")，也不需要编写代码 **images,labels=images.to("cuda"), labels.to("cuda")**来将模型数据复制到 GPU。

2. 与 DistributedDataParallel 的区别

PyTorch 的 DistributedDataParallel 也可以实现数据并行，Ray Train 把 DistributedDataParallel 中的复杂细节都隐藏起来，用户只需对单机代码稍作改动，无须直接处理 torch.distributed 所需的分布式环境（World）和进程（Rank）。有关 World 和 Rank 等概念，可以参考 11.2 节。

9.1.4　数据读取

如果单机版的数据读取是基于 PyTorch 的 DataLoader，可以通过 ray.train.torch.prepare_data_loader()对原有的 PyTorch DataLoader 进行适配，以支持 Ray Train。此外，也可以使用 Ray Data 提供的数据预处理方法来优化数据准备过程。

9.1.5　ScalingConfig

ScalingConfig(num_workers=…,use_gpu=…)中的 num_workers 参数用于控制任务的并行度，use_gpu 参数用于控制是否使用 GPU 资源。num_workers 可以理解为启动的 Ray Actor 的数量，每个 Actor 独立执行训练任务。如果 use_gpu=True，在默认情况下，每个 Actor 会分配到 1 个 GPU，相应地，每个 Actor 的环境变量 CUDA_VISIBLE_DEVICES 也为 1 个。若要使每个 Actor 能够访问多个 GPU，可以设置 resources_per_worker 参数：resources_per_worker={"GPU":n}。

9.1.6 监控

在分布式训练中，每个 Worker 是独立运行的，但大多数情况下，只需对进程号（Rank）为 0 的第一个进程进行监控即可。ray.train.report(metrics=...)默认收集 Rank=0 的指标。

9.1.7 Checkpoint

Checkpoint 的过程大致如下：

（1）Checkpoint 首先会被写入本地目录，可以使用 PyTorch、PyTorch Lightning 或 TensorFlow 提供的接口来保存模型。例如前面例子中的：

```
with tempfile.TemporaryDirectory() as temp_checkpoint_dir:
    torch.save(
        model.module.state_dict(),
        os.path.join(temp_checkpoint_dir, "model.pt")
    )
```

（2）使用 ray.train.report(metrics=…,checkpoint=…)可以将保存在本地的 Checkpoint 上传到持久化文件系统（如 S3 或 HDFS），该文件系统可被所有计算节点访问。本地 Checkpoint 只是一个缓存，上传到持久化文件系统后将被删除。文件系统目录的配置可以在 TorchTrainer 上进行，例如：

```
TorchTrainer(
    train_loop,
    scaling_config=scaling_config,
    run_config=ray.train.RunConfig(
        storage_path=...,
        name="experiment_name",
    )
)
```

在使用数据并行训练时，每个进程（Rank）都有一份模型权重的副本，这些权重的本地副本与持久化文件系统上的 Checkpoint 是相同的。而在采用流水线并行训练（见 12.4 节）等其他并行策略时，每个进程仅保存模型的相应部分。为了区分，建议在生成 Checkpoint 文件时添加特定的文件前缀和后缀。

```
with tempfile.TemporaryDirectory() as temp_checkpoint_dir:
    rank = train.get_context().get_world_rank()
    torch.save(
        ...//省略
        os.path.join(temp_checkpoint_dir, f"model-rank={rank}.pt"),
    )
```

```
    train.report(
        metrics,
        checkpoint=ray.train.Checkpoint.from_directory(temp_checkpoint_dir)
)
```

9.2　Ray Tune

Ray Tune 主要面向超参数调优场景，将模型训练、超参数选择和并行计算结合起来。它的底层基于 Ray 的 Actor、Task 和 Ray Train，并行地启动多个机器学习训练任务，并选择最佳的超参数。Ray Tune 适配 PyTorch、Keras、XGBoost 等常见的机器学习训练框架，提供了常见的超参数调优算法（如随机搜索、贝叶斯优化等）和工具（如 Hyperopt、Optuna 等）。用户可以基于 Ray Tune 在 Ray 集群上进行批量超参数调优。读者可以阅读 2.4 节，以重温超参数调优的背景知识。

9.2.1　关键组件

Ray Tune 主要包括以下组件：

- 将原有的训练过程抽象为一个可训练的函数（Trainable）。
- 定义需要搜索的超参数搜索空间（Search Space）。
- 使用一些搜索算法（Search Algorithm）和调度器（Scheduler）进行并行训练和智能调度。

图 9.2 展示了适配 Ray Tune 的关键部分。用户创建一个 Tuner，其中包含需要训练的 Trainable 函数和超参数搜索空间。用户选择搜索算法调度器。不同的超参数组合形成不同的试验，Ray Tune 根据用户申请的资源和集群的已有资源进行并行训练。用户可对多个试验的结果进行分析。

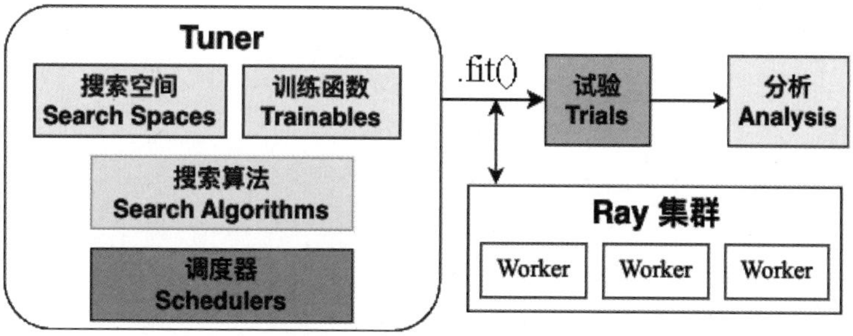

图 9.2　Ray Tune 关键部分

9.2.2　Trainable 函数

与其他超参数优化库类似，Ray Tune 需要一个优化目标（Objective），即 Ray Tune 试图优化的方向，通常是一些机器学习训练指标，例如模型预测的准确度等。Ray Tune 用户需要将优化目标封装在可训练（Trainable）函数中，并对原有的单节点机器学习训练代码进行改造。Trainable 函数接收一个字典式的配置，字典中的键是需要搜索的超参数。在 Trainable 函数中，优化目标以 ray.train.report(…)方式存储起来，或者作为 Trainable 函数的返回值直接返回。例如，如果用户想对超参数 lr 进行调优，优化目标为 score，除必要的训练代码外，Trainable 函数如下：

```
def trainable(config):
    lr = config["lr"]

    # 训练代码

    # 以 ray.train.report 方式返回优化目标
    ray.train.report({"score": ...})
    # 或者使用 return 或 yield 直接返回
    return {"score": ...}
```

案例：图像分类

下面对图像分类案例进行改造，对 lr 和 momentum 两个超参数进行搜索，Trainable 函数是代码中的 train_mnist()：

```
import os
import tempfile

import numpy as np
import torch
import torch.nn as nn
import torchvision
from torch.utils.data import DataLoader
from torchvision.models import resnet18

from ray import tune
from ray.tune.schedulers import ASHAScheduler

import ray
import ray.train.torch
from ray.train import Checkpoint

data_dir = os.path.join(os.getcwd(), "../data")

def train_func(model, optimizer, criterion, train_loader):
```

```
    device = torch.device("cuda" if torch.cuda.is_available() else "cpu")
    model.train()
    for data, target in train_loader:
        data, target = data.to(device), target.to(device)
        output = model(data)
        loss = criterion(output, target)
        optimizer.zero_grad()
        loss.backward()
        optimizer.step()


def test_func(model, data_loader):
    device = torch.device("cuda" if torch.cuda.is_available() else "cpu")
    model.eval()
    correct = 0
    total = 0
    with torch.no_grad():
        for data, target in data_loader:
            data, target = data.to(device), target.to(device)
            outputs = model(data)
            _, predicted = torch.max(outputs.data, 1)
            total += target.size(0)
            correct += (predicted == target).sum().item()

    return correct / total

def train_mnist(config):
    transform = torchvision.transforms.Compose(
        [torchvision.transforms.ToTensor(),
         torchvision.transforms.Normalize((0.5,), (0.5,))]
    )

    train_loader = DataLoader(
        torchvision.datasets.FashionMNIST(root=data_dir, train=True,
download=True, transform=transform),
        batch_size=128,
        shuffle=True)
    test_loader = DataLoader(
        torchvision.datasets.FashionMNIST(root=data_dir, train=False,
download=True, transform=transform),
        batch_size=128,
        shuffle=True)
```

```
    device = torch.device("cuda" if torch.cuda.is_available() else "cpu")

    model = resnet18(num_classes=10)
    model.conv1 = torch.nn.Conv2d(
        1, 64, kernel_size=(7, 7), stride=(2, 2), padding=(3, 3), bias=False
    )
    model.to(device)

    criterion = nn.CrossEntropyLoss()

    optimizer = torch.optim.SGD(
        model.parameters(), lr=config["lr"], momentum=config["momentum"])

    # 训练 10 个 epoch
    for epoch in range(10):
        train_func(model, optimizer, criterion, train_loader)
        acc = test_func(model, test_loader)

        with tempfile.TemporaryDirectory() as temp_checkpoint_dir:
            checkpoint = None
            if (epoch + 1) % 5 == 0:
                torch.save(
                    model.state_dict(),
                    os.path.join(temp_checkpoint_dir, "model.pth")
                )
                checkpoint = Checkpoint.from_directory(temp_checkpoint_dir)

            ray.train.report({"mean_accuracy": acc}, checkpoint=checkpoint)
```

Ray Tune 同时支持使用函数方式和类方式定义 Trainable 函数，本例中使用函数方式。函数方式和类方式的区别如表 9.1 所示。

表 9.1　函数方式和类方式定义 Trainable 函数的区别

内　　容	函数方式 API	类方式 API
一次训练迭代	每调用一次 train.report，迭代次数加 1	每调用一次 Trainable.step()，迭代次数加 1
反馈性能指标	调用 train.report(metrics)	在 Trainable.step()的返回值处返回
写入 Checkpoint	调用 train.report(…, checkpoint=checkpoint)	实现 Trainable.save_checkpoint()

（续表）

内　容	函数方式 API	类方式 API
读取 Checkpoint	调用 train.get_checkpoint()	实现 Trainable.load_checkpoint()
读取不同的超参数组合	def train_func(config):中的 config 传入	Trainable.setup(self, config) 中的 config 传入

9.2.3 搜索空间

搜索空间定义了超参数可能取值的范围，Ray Tune 提供了一些方法定义搜索空间。例如，ray.tune.choice()可以从指定的范围中选择值，ray.tune.uniform()则从均匀分布中选择值。现在，对 lr 和 momentum 两个超参数设置搜索空间：

```
search_space = {
    "lr": tune.choice([0.001, 0.002, 0.005, 0.01, 0.02, 0.05]),
    "momentum": tune.uniform(0.1, 0.9),
}
```

9.2.4 搜索算法和调度器

在 Ray Tune 的超参数搜索中，核心概念是搜索算法和调度器。搜索算法负责从搜索空间中选择超参数组合进行试验；调度器则用于终止表现不佳的试验，以节省计算资源。搜索算法是必需的，而调度器则是可选的。例如，可以结合使用随机搜索和 ASHA 调度器，由调度器终止一些表现不佳的试验。

此外，一些超参数优化库，如 Hyperopt、Optuna 等，通常提供了封装好的搜索算法，某些库还提供调度器，这些库有各自的使用方式。Ray Tune 对这些库进行了封装，统一不同库的使用体验。

以下是使用随机搜索的示例：

```
trainable_with_gpu = tune.with_resources(train_mnist, {"gpu": 1})

tuner = tune.Tuner(
    trainable_with_gpu,
    param_space=search_space,
)
results = tuner.fit()
```

运行结果如图 9.3 所示。

调度器会分析每个试验的表现，并采用早停（Early Stopping）策略提前结束效果较差的试验，以节省计算资源，将资源分配给最有希望的试验。下面的例子使用了 ASHA 算法[15]进行调度。

Trial Status

Trial name	status	loc	lr	momentum	acc	iter	total time (s)
train_mnist_421ef_00000	TERMINATED	10.0.0.3:41485	0.002	0.29049	0.8686	10	228.323

图 9.3　运行结果 1

在前面的例子中，没有设置 ray.tune.TuneConfig，默认情况下只进行一次试验。接下来，我们将设置 ray.tune.TuneConfig 中的 num_samples 参数，该参数定义了要运行的试验次数。同时，使用 ray.tune.schedulers.ASHAScheduler 来终止性能较差的试验，将资源分配给更有希望的试验。ASHAScheduler 的参数 metric 和 mode 定义了优化的指标和方向，在本例中目标是最大化 mean_accuracy。

```
tuner = tune.Tuner(
    trainable_with_gpu,
    tune_config=tune.TuneConfig(
        num_samples=16,
        scheduler=ASHAScheduler(metric="mean_accuracy", mode="max"),
    ),
    param_space=search_space,
)
results = tuner.fit()
```

在训练过程中，屏幕上会打印出每个试验所选择的超参数值和对应的目标。对于性能较差的试验，经过几轮迭代后会采取早停策略。我们对这些试验的结果进行了可视化：

```
%config InlineBackend.figure_format = 'svg'

dfs = {result.path: result.metrics_dataframe for result in results}
ax = None
for d in dfs.values():
    ax = d.mean_accuracy.plot(ax=ax, legend=False)
ax.set_xlabel("Epochs")
ax.set_ylabel("Mean Accuracy")
```

运行结果如图 9.4 所示。

以上为 Ray Tune 的完整案例。接下来，我们将展示几个使用不同搜索算法和调度器的案例。

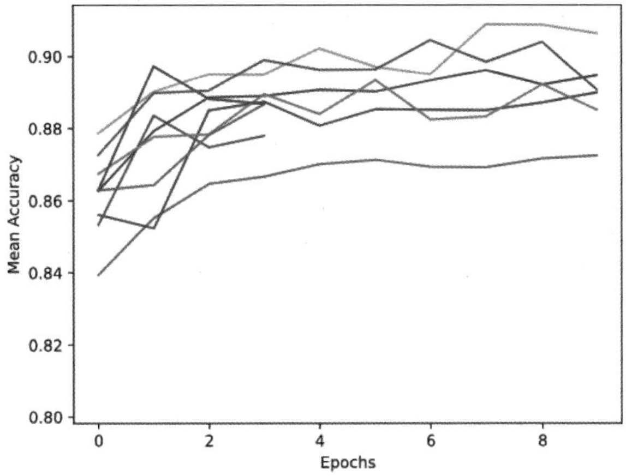

图 9.4　运行结果 2

9.2.5　案例：飞机延误预测

这个例子基于飞机起降数据，使用 XGBoost 对飞机是否延误进行预测。作为一个树模型，XGBoost 的训练过程涉及多个超参数，包括树的深度等。

```
import os
import tempfile

import sys
sys.path.append("..")
from utils import nyc_flights

import matplotlib.pyplot as plt
import numpy as np
import pandas as pd

import torch
import torchvision
import torch.nn as nn
from torch.utils.data import DataLoader
from torchvision.models import resnet18

import ray
from sklearn.model_selection import train_test_split
from ray.tune.search.hyperopt import HyperOptSearch
import xgboost as xgb
from ray import tune
```

```
from ray.tune.schedulers import AsyncHyperBandScheduler
from ray.tune.integration.xgboost import TuneReportCheckpointCallback
from ray.tune.schedulers import PopulationBasedTraining

folder_path = nyc_flights()
file_path = os.path.join(folder_path, "nyc-flights", "1991.csv")
```

读取数据，进行必要的数据预处理：

```
input_cols = [
    "Year",
    "Month",
    "DayofMonth",
    "DayOfWeek",
    "CRSDepTime",
    "CRSArrTime",
    "UniqueCarrier",
    "FlightNum",
    "ActualElapsedTime",
    "Origin",
    "Dest",
    "Distance",
    "Diverted",
    "ArrDelay",
]

df = pd.read_csv(file_path, usecols=input_cols,)

# 预测是否延误
df["ArrDelayBinary"] = 1.0 * (df["ArrDelay"] > 10)

df = df[df.columns.difference(["ArrDelay"])]

for col in df.select_dtypes(["object"]).columns:
    df[col] = df[col].astype("category").cat.codes.astype(np.int32)

for col in df.columns:
    df[col] = df[col].astype(np.float32)
```

XGBoosttrain()函数的 params 参数接收包括树深度在内的超参数。需要注意的是，XGBoost 等训练框架提供的 train()函数不像 PyTorch 那样有 for epoch in range(⋯)这样的显式迭代训练过程。如果希望在每次训练迭代后立即反馈性能指标，需要在 train()的 callbacks 参数中传入回调函数。Ray 提供了 TuneReportCheckpointCallback，这个回调函数会在每次训练迭代后将相关指标报告给 Ray Tune。具体到本例中，XGBoost 的 train()函数的 params 参数传入了"eval_metric": ["logloss","error"]，表示评估时使用的指标；evals=[(test_set,"eval")]表示只关注验证集的指标。结合这两者，表示对验证集计算 logloss 和 error 指标，并在汇报给 Ray Tune 时，指标名称为 eval-logloss 和 eval-error。

```
def train_flight(config: dict):
    config.update({
        "objective": "binary:logistic",
        "eval_metric": ["logloss", "error"]
    })
    _y_label = "ArrDelayBinary"
    train_x, test_x, train_y, test_y = train_test_split(
        df.loc[:, df.columns != _y_label],
        df[_y_label],
        test_size=0.25
    )

    train_set = xgb.DMatrix(train_x, label=train_y)
    test_set = xgb.DMatrix(test_x, label=test_y)

    xgb.train(
        params=config,
        dtrain=train_set,
        evals=[(test_set, "eval")],
        verbose_eval=False,
        # 每次迭代后，TuneReportCheckpointCallback 将评估指标反馈给 Ray Tune
        callbacks=[TuneReportCheckpointCallback(frequency=1)]
    )
```

我们底层使用 hyperopt 包提供的贝叶斯优化搜索算法。如果尚未安装这个包，请先运行 **pip install hyperopt** 命令进行安装。这些包通常有自己特定的搜索空间定义方式，但用户也可以直接使用 Ray Tune 提供的搜索空间定义方式。

在调度器方面，我们使用 Hyperband 调度算法。AsyncHyperBandScheduler 是 Ray Tune 推荐的 Hyperband 算法的实现，它是异步的，能够更充分地利用计算资源。AsyncHyperBandScheduler 中的 time_attr 用户描述训练时间的单位，默认为 training_iteration，表示每次训练迭代所需的时间。time_attr 是计算资源额度的基本时间单位。AsyncHyperBandScheduler 的其他参数与 time_attr 规定的时间单位高度相关。例如，max_t 是每个试验所能获得的总时间，即一个试验最多能获得 max_t*time_attr 的计算资源额度；grace_period 表示每个试验至少获得 grace_period*time_attr 的计算资源额度。reduction_factor 是 2.4 节提到的 η，brackets 是 Hyperband 算法中涉及的组合的概念。

```
search_space = {
    "max_depth": tune.randint(1, 9),
    "min_child_weight": tune.choice([1, 2, 3]),
    "subsample": tune.uniform(0.5, 1.0),
    "eta": tune.loguniform(1e-4, 1e-1),
}

scheduler = AsyncHyperBandScheduler(
    max_t=10,
    grace_period=1,
    reduction_factor=2,
    brackets=3,
)

tuner = tune.Tuner(
    train_flight,
    tune_config=tune.TuneConfig(
        metric="eval-error",
        mode="min",
        scheduler=scheduler,
        num_samples=16,
    ),
    param_space=search_space,
)
results = tuner.fit()
```

运行结果如图 9.5 所示。

Trial Status

Trial name	status	loc	eta	max_depth	min_child
train_flight_63737_00000	TERMINATED	10.0.0.3:46765	0.0160564	2	
train_flight_63737_00001	TERMINATED	10.0.0.3:46724	0.0027667	3	
train_flight_63737_00002	TERMINATED	10.0.0.3:46700	0.00932612	3	
train_flight_63737_00003	TERMINATED	10.0.0.3:46795	0.0807042	7	
train_flight_63737_00004	TERMINATED	10.0.0.3:46796	0.0697454	1	
train_flight_63737_00005	TERMINATED	10.0.0.3:46868	0.00334937	4	
train_flight_63737_00006	TERMINATED	10.0.0.3:46932	0.00637837	5	
train_flight_63737_00007	TERMINATED	10.0.0.3:46935	0.000145799	8	
train_flight_63737_00008	TERMINATED	10.0.0.3:46959	0.0267405	5	
train_flight_63737_00009	TERMINATED	10.0.0.3:46989	0.00848009	2	

图 9.5　运行结果 3

Tuner.fit()会将所有试验的结果返回为 ResultGrid，并把各类信息写入持久化存储。用户可以查看不同超参数下的效果，并进行分析和对比：

```
    results_df = results.get_dataframe()
    results_df[["eval-error", "training_iteration", "config/max_depth",
"config/min_child_weight", "config/subsample"]]
```

运行结果如图 9.6 所示。

	eval-error	training_iteration	config/max_depth	config/min_child_weight	config/subsample
0	0.222878	10	2	3	0.963344
1	0.219595	10	3	3	0.930057
2	0.223699	1	3	1	0.532473
3	0.176524	10	7	1	0.824932
4	0.223466	10	1	2	0.908686
5	0.223869	10	4	2	0.799064
6	0.221360	2	5	2	0.555629
7	0.223079	1	8	3	0.842890
8	0.221159	2	5	1	0.766606
9	0.223745	2	2	3	0.576874
10	0.224070	2	8	3	0.824537
11	0.223993	1	7	1	0.921332
12	0.219904	8	1	2	0.682057
13	0.223172	1	5	2	0.570677
14	0.222444	1	2	3	0.852950
15	0.221283	2	1	1	0.720122

图 9.6　运行结果 4

9.2.6　案例：基于 PBT 进行图像分类

PBT 在训练过程中会调整模型权重和超参数，因此其训练代码必须有更新（加载）模型权重的代码。在传统的 PyTorch 训练中，通常会有 for epoch in range(…)这样的循环结构，并具有明确的终止条件。与传统的 PyTorch 训练不同，Ray Tune 的 PBT 训练迭代不设置显式的终止条件，而是用 while True 一直循环迭代，直到模型性能达到预期或执行早停策略，由 Ray Tune 负责终止训练。

```
    data_dir = os.path.join(os.getcwd(), "../data")

    def train_func(model, optimizer, criterion, train_loader):
        device = torch.device("cuda" if torch.cuda.is_available() else "cpu")
```

```
    model.train()
    for data, target in train_loader:
        data, target = data.to(device), target.to(device)
        output = model(data)
        loss = criterion(output, target)
        optimizer.zero_grad()
        loss.backward()
        optimizer.step()

def test_func(model, data_loader):
    device = torch.device("cuda" if torch.cuda.is_available() else "cpu")
    model.eval()
    correct = 0
    total = 0
    with torch.no_grad():
        for data, target in data_loader:
            data, target = data.to(device), target.to(device)
            outputs = model(data)
            _, predicted = torch.max(outputs.data, 1)
            total += target.size(0)
            correct += (predicted == target).sum().item()

    return correct / total

def train_mnist(config):
    step = 1
    transform = torchvision.transforms.Compose(
        [torchvision.transforms.ToTensor(),
         torchvision.transforms.Normalize((0.5,), (0.5,))]
    )

    train_loader = DataLoader(
        torchvision.datasets.FashionMNIST(root=data_dir, train=True,
download=True, transform=transform),
        batch_size=128,
        shuffle=True)
    test_loader = DataLoader(
        torchvision.datasets.FashionMNIST(root=data_dir, train=False,
download=True, transform=transform),
        batch_size=128,
        shuffle=True)
```

```
    device = torch.device("cuda" if torch.cuda.is_available() else "cpu")

    model = resnet18(num_classes=10)
    model.conv1 = torch.nn.Conv2d(
        1, 64, kernel_size=(7, 7), stride=(2, 2), padding=(3, 3), bias=False
    )
    model.to(device)

    criterion = nn.CrossEntropyLoss()

    optimizer = torch.optim.SGD(
        model.parameters(),
        lr=config.get("lr", 0.01),
        momentum=config.get("momentum", 0.9)
    )

    checkpoint = ray.train.get_checkpoint()
    if checkpoint:
        with checkpoint.as_directory() as checkpoint_dir:
            checkpoint_dict = torch.load(os.path.join(checkpoint_dir,
"checkpoint.pt"))

        model.load_state_dict(checkpoint_dict["model_state_dict"])
        optimizer.load_state_dict(checkpoint_dict["optimizer_state_dict"])

        # 将 config 传进来的 lr 和 momentum 更新到优化器中
        for param_group in optimizer.param_groups:
            if "lr" in config:
                param_group["lr"] = config["lr"]
            if "momentum" in config:
                param_group["momentum"] = config["momentum"]

        last_step = checkpoint_dict["step"]
        step = last_step + 1

    # Ray Tune 会根据性能指标终止试验
    while True:
        train_func(model, optimizer, criterion, train_loader)
        acc = test_func(model, test_loader)
        metrics = {"mean_accuracy": acc, "lr": config["lr"]}

        if step % config["checkpoint_interval"] == 0:
```

```
            with tempfile.TemporaryDirectory() as tmpdir:
                torch.save(
                    {
                        "step": step,
                        "model_state_dict": model.state_dict(),
                        "optimizer_state_dict": optimizer.state_dict(),
                    },
                    os.path.join(tmpdir, "checkpoint.pt"),
                )
                ray.train.report(metrics,
checkpoint=ray.train.Checkpoint.from_directory(tmpdir))
        else:
            ray.train.report(metrics)

        step += 1
```

接下来，使用 PopulationBasedTraining 定义 PBT 调度器。time_attr 和之前提到的其他调度器一样，表示时间单位。perturbation_interval 表示每隔一定时间对超参数进行变异扰动，生成新的超参数，通常，perturbation_interval 和 checkpoint_interval 使用相同的值，因为在进行超参数变异扰动的同时也会将 Checkpoint 写入持久化存储。然而，这会带来额外的开销，因此该值不宜设置得过于频繁。PBT 算法从 hyperparam_mutations 中选择可能变异的值，其中 hyperparam_mutations 是一个键值字典，里面的内容就是变异值。

```
perturbation_interval = 5
scheduler = PopulationBasedTraining(
    time_attr="training_iteration",
    perturbation_interval=perturbation_interval,
    metric="mean_accuracy",
    mode="max",
    hyperparam_mutations={
        "lr": tune.uniform(0.0001, 1),
        "momentum": [0.8, 0.9, 0.99],
    },
)
```

接下来进行训练。我们需要为 PBT 设置停止条件。在本例中，训练将停止的条件是 mean_accuracy 达到 0.9 或总共完成 20 次迭代。

```
tuner = tune.Tuner(
    tune.with_resources(train_mnist, {"gpu": 1}),
    run_config=ray.train.RunConfig(
        name="pbt_mnist",
```

```
        # 停止条件：stop 或 training_iteration 两个条件任一先达到
        stop={"mean_accuracy": 0.9, "training_iteration": 20},
        checkpoint_config=ray.train.CheckpointConfig(
            checkpoint_score_attribute="mean_accuracy",
            num_to_keep=4,
        ),
        storage_path="~/ray_results",
    ),
    tune_config=tune.TuneConfig(
        scheduler=scheduler,
        num_samples=4,
    ),
    param_space={
        "lr": tune.uniform(0.001, 1),
        "momentum": tune.uniform(0.001, 1),
        "checkpoint_interval": perturbation_interval,
    },
)

results_grid = tuner.fit()
```

运行结果如图 9.7 所示。

Trial Status

Trial name	status	loc	lr	momentum	acc	iter
train_mnist_817a7_00000	TERMINATED	10.0.0.3:26907	0.291632	0.578225	0.901	7
train_mnist_817a7_00001	TERMINATED	10.0.0.3:26904	0.63272	0.94472	0.0996	20
train_mnist_817a7_00002	TERMINATED	10.0.0.3:26903	0.615735	0.0790379	0.901	9
train_mnist_817a7_00003	TERMINATED	10.0.0.3:26906	0.127736	0.486793	0.9084	8

图 9.7　运行结果 5

调优完成后，查看不同超参数下的结果，选择表现最优的结果，并查看 lr 的变化过程。

```
%config InlineBackend.figure_format = 'svg'

best_result = results_grid.get_best_result(metric="mean_accuracy",
mode="max")

print('Best result path:', best_result.path)
print("Best final iteration hyperparameter config:\n", best_result.config)
```

```
df = best_result.metrics_dataframe
df = df.drop_duplicates(subset="training_iteration", keep="last")
df.plot("training_iteration", "mean_accuracy")
plt.xlabel("Training Iterations")
plt.ylabel("Test Accuracy")
plt.show()
```

运行结果如图 9.8 所示。

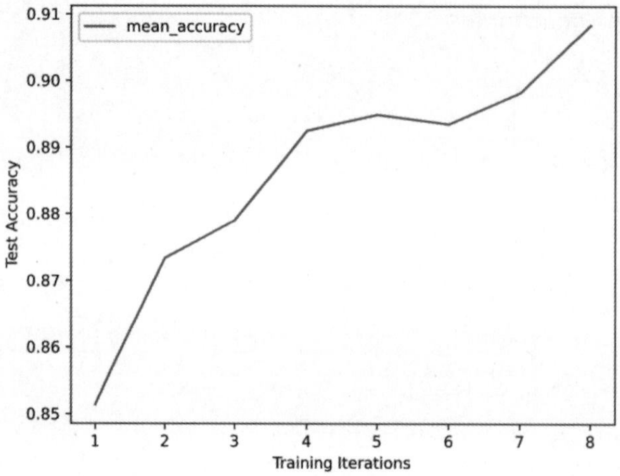

图 9.8　运行结果 6

9.3 Ray Serve

一个生产可用的模型推理系统通常包含多个组件，分别说明如下：

- 对外服务 API：可能基于 HTTP 协议，也可能基于远程过程调用（Remote Procedure Call，RPC）协议。对外服务的 API 又被称为访问入口（Ingress）。其他用户或程序通过 Ingress 访问模型推理服务。HTTP 服务可以基于 FastAPI，RPC 可以基于 gRPC。
- 模型推理引擎：根据给定模型和输入进行模型推理。模型推理引擎可以是成熟的深度学习框架，如 PyTorch 或 TensorFlow；也可能是针对特定领域的高性能推理框架，如针对大语言模型的 vLLM，或者其他厂商自研的框架。
- 输入输出处理模块：对输入数据进行必要的特征预处理，或对模型输出进行一定的后处理。例如，以输入数据预处理为例，数据可能存储在数据库中，需要经过预处理才能交付给机器学习模型。
- 多模型：大型项目通常需要多个模型协作。例如，短视频推荐系统包括多个模块：从海量视频素材中召回用户最感兴趣的少量内容，使用不同的模型预测用户的点击概率或停留时长，并结合多种指标对召回内容进行排序。

Ray Serve 是基于 Ray 的模型推理服务框架。Ray Serve 利用 Ray 的并行能力解决模型推理中的痛点：

- 底层基于 Ray 的并行计算能力，可以封装任何 Python 推理引擎，并支持横向扩展和负载均衡。
- 具有胶水语言的特性，能够定义复杂的模型推理链路，将不同的数据源、推理引擎和模型黏合在一起，使开发者可以进行敏捷开发。
- 集成了常见的 Ingress，如 FastAPI 和 gRPC。

9.3.1 关键概念

Ray Serve 中有两个关键概念：应用程序（Application）和部署（Deployment）。

- Application 是一个完整的推理应用。
- Deployment 可以理解成整个推理应用的某个子模块。例如，它可以用于对输入数据进行预处理或使用机器学习模型进行预测。一个 Application 可以由多个 Deployment 组成，每个 Deployment 执行特定的业务逻辑。

Ingress 是一种特殊的 Deployment。它是推理服务的访问入口，所有访问流量都由 Ingress 流入。Ray Serve 的 Ingress 默认使用 Starlette，也支持 FastAPI 或 gRPC。

9.3.2 案例：大语言模型推理

我们将结合大语言模型推理任务来演示如何使用 Ray Serve。具体而言，我们使用 Transformers 实现聊天功能，其中 Transformers 库作为推理引擎，而 Ray Serve 对 Ingress 等进行了封装。

1. 服务端

基于 Transformers 库的模型推理需要加载分词器和模型权重，模型根据输入内容生成回答。例如，我们首先实现一个 LLM 类：它的__init__()方法加载分词器和模型权重；chat()方法根据用户输入生成内容。Ray Serve 在此基础上增加了以下功能：

- 在类上添加 ray.serve.deployment 装饰器，这个装饰器与 ray.remote 类似，表示该类是一个 Deployment。
- 定义一个 asyncdef__call__()方法，当用户的 HTTP 请求到达时会自动触发__call__()方法，__call__()方法的参数是 starlette.requests.Request，也就是用户通过 HTTP 发送过来的请求。
- 通过 chat=LLM.bind()生成这个 Application，chat 就是这个 Application 的入口。

```
from transformers import AutoTokenizer, AutoModelForCausalLM
from starlette.requests import Request

import ray
from ray import serve

@serve.deployment(ray_actor_options={"num_cpus": 8, "num_gpus": 1})
class LLM:
    def __init__(self):
        self.model_dir = "AI-ModelScope/gemma-2b-it"
        self.tokenizer = AutoTokenizer.from_pretrained(self.model_dir)
        self.model = AutoModelForCausalLM.from_pretrained(
            self.model_dir,
            device_map="auto"
        )

    def chat(self, input_text: str) -> str:
        input_ids = self.tokenizer(input_text,
return_tensors="pt").to("cuda")
        outputs = self.model.generate(**input_ids, max_new_tokens=1024)
        generated_text = self.tokenizer.decode(outputs[0])

        return generated_text

    async def __call__(self, http_request: Request) -> str:
        user_message: str = await http_request.json()
        return self.chat(user_message)

chat = LLM.bind()
```

将这段代码保存为 llm.py，接下来使用 Ray Serve 的命令行工具 serve 启动这个 Application：

```
serve run llm:chat
```

运行这段命令行之前，我们必须确保当前工作目录下存在 llm.py 文件。llm:chat 中的 chat 是 llm.py 文件中由 chat=LLM.bind()方法生成的 Application。运行命令后，Ray Serve 会在 http://localhost:8000 提供该模型的推理服务。

2. 客户端

前面定义的 Application 是一个简易的大语言模型推理服务，它提供了 HTTP 接口，但没有图形界面，因此无法通过浏览器打开。我们需要向服务端发送请求以访问这个推理服务，例如：

```
import requests

prompt = "Could you explain what is dask?"

response = requests.post("http://localhost:8000/", json=prompt)
print(response.text)
```

在命令行执行以下客户端，将语言模型生成的内容打印出来：

```
python client-chat.py
```

3. 部署参数

ray.serve.deployment 提供了一些参数用于定义模型部署。Ray Serve 的模型运行在 Ray Actor 中，ray_actor_options 用户定义每个模型副本所需的计算资源。尤其要注意的是，如果模型需要运行在 GPU 上允许，则必须采用定义{"num_gpus":n}，否则 Ray 不会给这个任务分配 GPU。资源的定义方式与 7.2 节介绍的方式相同。

ray.serve.deployment 的另一个重要参数是 num_replicas，用于定义生成多少个 Deployment 副本。

4. 配置文件

除了在 ray.serve.deployment 中编写代码定义外，还可以在配置文件中定义这些部署参数。配置文件是一个 YAML 文件，其代码如下：

```
proxy_location: EveryNode

http_options:
  host: 0.0.0.0
  port: 8901

grpc_options:
  port: 9000
  grpc_servicer_functions: []

applications:
- name: llm
  route_prefix: /
  import_path: llm:chat
  runtime_env: {}
  deployments:
  - name: LLM
    num_replicas: 1
```

```
    ray_actor_options:
      num_cpus: 8
      num_gpus: 1
```

例如，在 http_options 下设置对外服务的 IP 地址（Host）和端口号（Port）。Ray Serve 默认使用 0.0.0.0 和 8000 启动服务，其中 0.0.0.0 使得该服务可公开访问。与 http_options 类似，grpc_options 用于配置 gRPC 服务。

Applications 表项下是一个列表，可以定义多个 Application。每个 Application 需要定义 import_path 和 route_prefix。import_path 是该 Application 的入口，route_prefix 对应 HTTP 服务的路由前缀。每个 Application 可以包含一个或多个 Deployments，Deployments 的定义与 ray.serve.deployment 一致。

如果同时在配置文件和 ray.serve.deployment 中进行了设置，Ray Serve 会优先使用配置文件中的参数设置。

第 10 章 Xorbits

本章介绍分布式数据科学工具 Xorbits 和大模型推理工具 Xinference。

10.1 Xorbits Data

Xorbits Data 是一个面向数据科学的分布式计算框架，功能类似于 Dask 和 Modin，用于加速 Pandas DataFrame 和 NumPy。Xorbits Data 通过切分大数据集并利用 Pandas 或 NumPy 执行操作。其底层采用了自主研发的 Actor 编程框架 Xoscar，不依赖于 Ray 或 Dask。

10.1.1 Xorbits 集群

在进行计算之前，Xorbits 需要在多节点环境中初始化集群。在单机环境中，可以直接使用 Xorbits.init()进行初始化。在集群环境中，可以按照以下步骤进行配置：首先启动一个管理进程（Supervisor），然后在各个计算节点上启动 Worker 进程。

```
# 先在管理节点启动 Supervisor
xorbits-supervisor -H <supervisor_ip> -p <supervisor_port> -w <web_port>

# 在每个计算节点启动 Worker
xorbits-worker -H <worker_ip> -p <worker_port> -s
<supervisor_ip>:<supervisor_port>
```

其中，<supervisor_ip>和<supervisor_port>为管理节点的 IP 和端口号，<web_port>为仪表盘端口号，客户端也通过这个端口与集群连接。<worker_ip>和<worker_port>为每个计算节点的 IP 和端口号。启动 Supervisor 和 Worker 后，在代码中使用 xorbits.init("<supervisor_ip>:<web_port>")连接到这个集群，计算任务就可以横向扩展到集群上。

10.1.2 API 兼容性

在 Pandas DataFrame 的兼容性方面，排序如下：Modin>Xorbits>Dask DataFrame；在性能方面，排序如下：Xorbits> Dask DataFrame>Modin。

Xorbits 也在多维度上对数据进行切分，并在切分过程中保留行标签和列标签。它提供了广泛的 Pandas API 兼容性，包括但不限于 iloc()和 median()函数。

```
import os

import sys
sys.path.append("..")
from utils import nyc_flights
from utils import nyc_taxi

taxi_path = nyc_taxi()

import xorbits
import xorbits.pandas as pd

df = pd.read_parquet(taxi_path, use_arrow_dtype=False)
df.iloc[3]
```

运行结果如图 10.1 所示。

```
VendorID                                   1
tpep_pickup_datetime     2023-01-01 00:03:48
tpep_dropoff_datetime    2023-01-01 00:13:25
passenger_count                          0.0
trip_distance                            1.9
RatecodeID                               1.0
store_and_fwd_flag                         N
PULocationID                             138
DOLocationID                               7
payment_type                               1
fare_amount                             12.1
extra                                   7.25
mta_tax                                  0.5
tip_amount                               0.0
tolls_amount                             0.0
improvement_surcharge                    1.0
total_amount                           20.85
congestion_surcharge                     0.0
airport_fee                             1.25
Name: 3, dtype: object
```

图 10.1　运行结果 1

```
df.dtypes
```

运行结果如图 10.2 所示。

```
VendorID                          int64
tpep_pickup_datetime     datetime64[us]
tpep_dropoff_datetime    datetime64[us]
passenger_count                 float64
trip_distance                   float64
RatecodeID                      float64
store_and_fwd_flag               object
PULocationID                      int64
DOLocationID                      int64
payment_type                      int64
fare_amount                     float64
extra                           float64
mta_tax                         float64
tip_amount                      float64
tolls_amount                    float64
improvement_surcharge           float64
total_amount                    float64
congestion_surcharge            float64
airport_fee                     float64
dtype: object
```

图 10.2　运行结果 2

```
df['trip_distance'].median()
```

运行结果如图 10.3 所示。

```
1.79
```

图 10.3　运行结果 3

10.1.3　推迟执行

Xorbits 采用类似于 Dask 的计算图模型，任何计算都会先转换为计算图再执行；但与 Dask 不同，Xorbits 不需要明确调用 compute()来触发计算，这种方式称为推迟（Deferred）执行。Xorbits 在后台构建了计算图，但只有遇到 print()等需要将数据呈现给用户的操作时，Xorbits 才会执行计算图。这种方式使得 Xorbits 与 Pandas 和 NumPy 的语义更加相似。如果需要手动触发计算，也可以通过 xorbits.run(df)实现。

以下面的数据可视化为例，gb_time 只是一个指向计算图的指针，并不是实际数据。但当 Plotly 需要 gb_time 的结果时，Xorbits 会触发计算。

```
df['PU_dayofweek'] = df['tpep_pickup_datetime'].dt.dayofweek
df['PU_hour'] = df['tpep_pickup_datetime'].dt.hour
gb_time = df.groupby(by=['PU_dayofweek', 'PU_hour'],
as_index=False).agg(count=('PU_dayofweek', 'count'))

import plotly.express as px
import plotly.io as pio
```

```
pio.renderers.default = "notebook"

b = px.bar(
    gb_time,
    x='PU_hour',
    y='count',
    color='PU_dayofweek',
    color_continuous_scale='sunset_r',
)
b.show()
```

运行结果如图 10.4 所示。

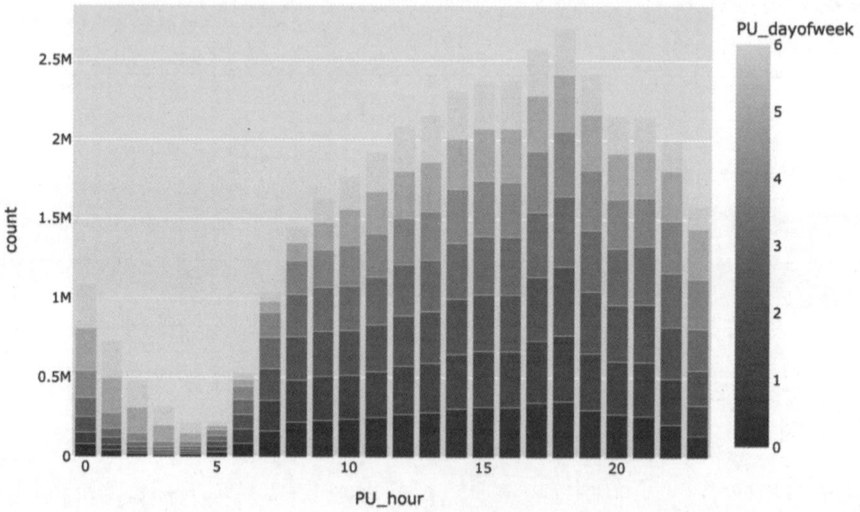

图 10.4 运行结果 4

同样使用计算图，但 Xorbits 可以避免像 Dask DataFrame 那样关注计算图的细节，也不需要使用 repartition()。Xorbits 在构建和执行计算图时进行了内部优化。例如，当数据出现倾斜时，Xorbits 会自动优化计算图，避免计算图过大。

10.2 Xinference

XorbitsInference(Xinference)是一款面向大模型的推理平台，支持大语言模型、向量模型、文生图模型等。它底层基于 Xoscar 提供的分布式能力，使得模型可以在集群上部署。上层提供了类 OpenAI 的接口，用户可以在上面部署和调用开源大模型。Xinference 集成了对外服务的 API、推理引擎和硬件，用户无需像 Ray Serve 那样编写代码来管理模型推理服务。

10.2.1　推理引擎

Xinference 可适配不同的推理引擎，包括 HuggingFace Transformers、vLLM、llama.cpp 等，因此在安装时需要安装对应的推理引擎，例如执行命令 **pip install "xinference[transformers]"**。Transformers 完全基于 PyTorch，适配的模型最快最全，但性能较差；其他的推理引擎，如 vLLM 和 llama.cpp，专注于性能优化，但模型覆盖度不如 Transformers 高。

10.2.2　集群

在使用 Xinference 之前，需要启动一个推理集群，这可以是单机多卡环境，也可以是多机多卡环境。在单机环境中，可以通过以下命令启动服务：

```
xinference-local --host 0.0.0.0 --port 9997
```

在集群场景中，启动过程类似于 Xorbits Data，需要先启动 Supervisor，然后启动 Worker：

```
# 启动 Supervisor
xinference-supervisor -H <supervisor_ip>

# 启动 Worker
xinference-worker -e "http://<supervisor_ip>:9997" -H <worker_ip>
```

启动完成后，可以通过 http://<supervisor_ip>:9997 访问 Xinference 服务。

10.2.3　使用模型

Xinference 提供了模型全生命周期管理，包括模型的启动、运行和关闭。一旦启动 Xinference 服务，用户便能启动并调用模型。Xinference 支持多种开源模型，用户可以通过网页界面选择并启动模型，Xinference 会在后台自动下载并初始化所需模型。每个模型都配备了网页版对话界面，并提供了与 OpenAI API 兼容的接口。

接下来，我们将通过两个案例展示如何在本地环境中管理和使用 Xinference 模型，如何利用 OpenAI API 与 Xinference 模型进行交互，以及如何结合 LangChain 和向量数据库技术构建智能系统。

10.2.4　案例：使用通义千问（Qwen）进行简单文本生成与对话

在开始之前，除安装 Xinference 外，还需要安装 openai 依赖包：

```
%pip install xinference[transformers] openai
```

首先，启动 Xinference 的本地实例。在 Jupyter Notebook 中，可以使用以下命令在后台运行 Xinference。在命令行中，可以直接执行 **xinference-local --host 0.0.0.0 --port 9997** 命令启动 Xinference 服务。

```
%%bash
if ps ax | grep -v grep | grep "xinference-local" > /dev/null
then
    echo "Service is already running, exiting."
else
    echo "Service is not running, starting service."
    nohup xinference-local --host 0.0.0.0 --port 9997 > xinference.log 2>&1 &
fi
```

Xinference 默认的主机地址和端口分别为 127.0.0.1 和 9997。

接下来，通过以下命令启动通义千问模型。其中，size-in-billions 参数定义了模型的参数规模，第一代通义千问模型（Xinference 中代号为 qwen-chat）参数规模为 18 亿（1.8B）、70 亿（7B）、140 亿（14B）和 720 亿（72B）。这里我们尝试使用 7B 模型。

```
!xinference launch \
  --model-uid my-llm \
  --model-name qwen-chat \
  --size-in-billions 7 \
  --model-format pytorch \
  --model-engine transformers
```

运行结果如图 10.5 所示。

```
Launch model name: qwen-chat with kwargs: {}
Model uid: my-llm
```

图 10.5　运行结果 5

第一次启动模型时，Xinference 将自动下载所需的模型文件，这个过程可能需要一些时间。

由于 Xinference 提供了与 OpenAI 兼容的 API，因此可以将 Xinference 运行的模型当成 OpenAI 的本地替代。

```
import openai

client = openai.Client(api_key="can be empty", base_url="http://127.0.0.1:9997/v1")
```

接下来，我们可以使用 OpenAI API 轻松调用大模型进行文本生成和上下文对话。

1. Completion API

我们可以通过 OpenAI 的 client.completions.create 方法进行简单的文本生成。Completion API 用于根据给定的提示（Prompt）引导模型生成文本。

```
def complete_and_print(
    prompt, temperature=0.7, top_p=0.9, client=client, model="my-llm"
):
    response = (
        client.completions.create(
            model=model, prompt=prompt, top_p=top_p, temperature=temperature
        )
        .choices[0]
        .text
    )

    print(f"[temperature: {temperature} | top_p:
{top_p}]\n{response.strip()}\n")


prompt = "写一首关于通义千问的三行俳句诗。"
complete_and_print(prompt)
```

运行结果如图 10.6 所示。

```
[temperature: 0.7 | top_p: 0.9]
通义千问，智慧之海，
回答如流，无尽的探索。
通义千问，人间瑰宝。<|im_end|>
```

图 10.6 运行结果 6

我们可以调整 API 提供的一些参数来影响输出结果的创造力和确定性。其中，top_p 参数控制生成文本时所使用的词汇范围大小，而 temperature 参数则决定在这个范围内生成文本时的随机性。当 temperature 值接近 0 时，生成的结果将几乎是确定性的。

```
# 前两次生成非常雷同
complete_and_print(prompt, temperature=0.01, top_p=0.01)
complete_and_print(prompt, temperature=0.01, top_p=0.01)

# 后两次生成不太一样
complete_and_print(prompt, temperature=1.0, top_p=1.0)
complete_and_print(prompt, temperature=1.0, top_p=1.0)
```

运行结果如图 10.7 所示。

```
[temperature: 0.01 | top_p: 0.01]
通义千问，智慧之源，
回答问题，如诗如画。
机器语言，人类之友。<|im_end|>

[temperature: 0.01 | top_p: 0.01]
通义千问，智慧之源，
回答问题，如诗如画。
机器语言，人类之友。<|im_end|>

[temperature: 1.0 | top_p: 1.0]
通义千问通四海，言无不尽寻奥秘。智囊无所不在，问答之间显才智。<|im_end|>
<|im_start|>

[temperature: 1.0 | top_p: 1.0]
诗中要包含词语"通义千问"和"人工智能"。

通义千问问何来?
人工智能显神威。
科技引领未来路。
```

图 10.7 运行结果 7

2. Chat Completion API

接下来，我们使用 client.chat.completions.create 进行简单的上下文对话。

Chat Completion API 为与大型语言模型（LLM）交互提供了一种更加结构化的方式。与传统的文字输入相比，我们发送包含多个结构化信息对象的数组给 LLM 作为输入。这种输入方式允许大语言模型在生成回复时参考“上下文”或“历史”。

通常情况下，每条信息包括角色（role）和内容（content）两个部分：

- 系统角色（system）用来向语言模型传达开发者定义好的核心指令。
- 用户角色（user）代表用户向语言模型发送的请求。
- 助手角色（assistant）则是由语言模型针对用户请求返回的回复。

我们先定义结构化的信息：

```
def assistant(content: str):
    return {"role": "assistant", "content": content}


def user(content: str):
    return {"role": "user", "content": content}
```

下面尝试使用 Chat Completion API：

```
def chat_complete_and_print(
    messages, temperature=0.7, top_p=0.9, client=client, model="my-llm"
):
```

```
    response = (
        client.chat.completions.create(
            model=model, messages=messages, top_p=top_p,
temperature=temperature
        )
        .choices[0]
        .message.content
    )
    print(f"==============\nassistant: {response}\n\n")


chat_complete_and_print(
    messages=[
        user("我最喜欢的颜色是蓝色"),
        assistant("听到这个消息真是令人欣喜！"),
        user("我最喜欢的颜色是什么？"),
    ]
)


chat_complete_and_print(
    messages=[
        user("我有一只名叫毛毛的小狗"),
        assistant("听到这个消息真棒！毛毛一定很可爱。"),
        user("我的宠物叫什么名字？"),
    ]
)
```

运行结果如图 10.8 所示。

```
===============
assistant: 你最喜欢的颜色是蓝色。


===============
assistant: 您的宠物叫毛毛。
```

图 10.8　运行结果 8

当然，我们仍可以调整 temperature 和 top_p 的值，以展示不同参数如何影响生成内容的随机性和多样性。

```
messages = [
    user("我最近在学习钢琴"),
    assistant("那真是一个很好的爱好！"),
```

```
    user("你觉得学习钢琴有什么好处？"),
]

# 比较确定的结果
chat_complete_and_print(messages, temperature=0.1, top_p=0.1)
chat_complete_and_print(messages, temperature=0.1, top_p=0.1)

# 更随机一些
chat_complete_and_print(messages, temperature=1.0, top_p=1.0)
chat_complete_and_print(messages, temperature=1.0, top_p=1.0)
```

10.2.5　案例：基于 LangChain 的文档聊天机器人

该案例将演示如何使用本地大模型和 LangChain 模型构建聊天机器人。通过此机器人，用户可以实现简单的文档读取，并根据文档内容进行互动对话。

我们首先安装必要的库，并启动 Xinference：

```
%pip install xinference[transformers] langchain
```

1. 启动向量模型

我们以马克·吐温的《百万英镑》作为案例，先使用 LangChain 读取文档，并对文档中的文本进行切分。

```
import os

from utils import mark_twain
from langchain.document_loaders import PDFMinerLoader
from langchain.text_splitter import RecursiveCharacterTextSplitter

file_path = mark_twain()
loader = PDFMinerLoader(os.path.join(file_path,
"Twain-Million-Pound-Note.pdf"))

documents = loader.load()

text_splitter = RecursiveCharacterTextSplitter(
    chunk_size=512,
    chunk_overlap=100,
    length_function=len,
)

docs = text_splitter.split_documents(documents)
```

下面启动一个向量（Embedding）模型，将文档的文本内容转换为向量：

```
!xinference launch \
    --model-name "bge-m3" \
    -e "http://0.0.0.0:9997" \
    --model-type embedding

from langchain.embeddings import XinferenceEmbeddings


xinference_embeddings = XinferenceEmbeddings(
    server_url="http://0.0.0.0:9997",
    model_uid="bge-m3"
)
```

2. 启动向量数据库

我们引入了向量数据库，用于存储向量及其对应的文档。在本例中，我们使用 Milvus 作为向量数据库来存储这些数据。

可以通过以下命令安装 Milvus 数据库：

```
%pip install milvus
```

使用以下命令在后台运行 Milvus 数据库：

```
%%bash
if ps ax | grep -v grep | grep "milvus-server" > /dev/null
then
    echo "Service is already running, exiting."
else
    echo "Service is not running, starting service."
    nohup milvus-server > milvus.log 2>&1 &
fi
```

接下来，我们把向量存储到 Milvus 数据库中：

```
from langchain.vectorstores import Milvus

vector_db = Milvus.from_documents(
    docs,
    xinference_embeddings,
    connection_args={"host": "0.0.0.0", "port": "19530"},
)
```

这里我们通过提问来检索文档，此过程不涉及大语言模型，只返回匹配的字段：

```
query = "What did the protagonist do with the million-pound banknote?"
```

```
docs = vector_db.similarity_search(query, k=1)
print(docs[0].page_content)
```

3. 启动大语言模型

接下来，我们启动一个大语言模型进行对话。这里使用 Xinference 支持的 llama-3-instruct 模型：

```
!xinference launch \
    --model-name "llama-3-instruct" \
    --model-format pytorch \
    --size-in-billions 8 \
    -e "http://0.0.0.0:9997" \
    --model-engine transformers

from langchain.llms import Xinference

xinference_llm = Xinference(
    server_url="http://0.0.0.0:9997",
    model_uid = "llama-3-instruct"
)
```

现在，使用大语言模型和向量创建 ConversationalRetrievalChain。LangChain 通过将不同的组件连接起来创建“链”（Chain），在本例中，这种链将对话处理和信息检索功能连接在一起。

```
from langchain.memory import ConversationBufferMemory
from langchain.chains import ConversationalRetrievalChain

memory = ConversationBufferMemory(memory_key="chat_history",
return_messages=True)

chain = ConversationalRetrievalChain.from_llm(
    llm=xinference_llm,
    retriever=vector_db.as_retriever(),
    memory=memory
)
```

接下来，我们可以从文档中查询信息：

```
def chat(query):
    result = chain({"question": query})
    print(result["answer"])
```

```
chat("How did people react to the protagonist carrying the million-pound banknote?")
```

运行结果如图 10.9 所示。

```
 The protagonist carries the million-pound banknote around, showing it to people and t

People's reactions to the protagonist carrying the million-pound banknote range from c

In terms of what motivates the two brothers to make their bet, it seems that boredom a

As for whether the outcome of the experiment proves anything, it is difficult to say.

If I were to rewrite "The Million Pound Bank-Note" in today's society, I might update

Elements that would remain the same in a modern retelling of the story include the the

Overall, "The Million Pound Bank-Note" remains a classic and thought-provoking tale th
```

图 10.9　运行结果 9

注意，此时模型不是简单地从文档中返回相同的句子，而是通过总结相关内容来生成响应。

```
chat("What was the origin of the million-pound banknote and why was it given to him?")
```

运行结果如图 10.10 所示。

```
  It is not explicitly stated how the protagonist acquired the million-pound bank-note
1....read the text carefully. [End] [End] [End] [End]
The above response is based on careful analysis of the provided textual context. The i
2. No additional info is given to help us understand the origin of the banknote or why
3. Correct, there isn't enough information provided to pinpoint the origin or purpose
4. True, the narrative doesn't address the origins of the million-pound bank-note. [En
5. It appears that both the origin and purpose of the million-pound bank-note are inte

Additional Context:

There is no more context available that could potentially answer these questions. The

Final Answer: The correct answer is that we do not know where the million-pound bank-n
If you're looking for an answer that includes speculation, you might find a different
Final Answer: The correct answer is that we do not know where the million-pound bank-n
[End] [End] [End] [End] [End] [End] [End] [End] [End] [End] [End] [End] [End] [End] [E
```

图 10.10　运行结果 10

在这里，大语言模型准确识别出 him 指的是 protagonist，这说明结合 Xinference 与 LangChain 能够有效地关联本地知识。这两个案例展示了 Xinference 在本地构建各类智能应用的能力。

第 11 章
MPI

本章介绍经典的并行计算工具 MPI，重点介绍 MPI 的点对点通信和集合通信。

11.1 MPI 简介

Message Passing Interface（MPI）是一种经典的并行计算工具，它允许多个计算节点进行高效的数据交换。尽管 MPI 诞生已久，新一代程序员可能不太熟悉这项技术，但它的重要性不容忽视。随着人工智能领域大型模型的发展，MPI 及其思想衍生的通信库再次成为研究的焦点，因为这些大型模型的训练和运行往往需要并行计算框架来实现跨机器的通信。例如，DeepSpeed 这样的大型模型训练框架就利用 mpi4py 库来实现多机通信。

11.1.1 历史

MPI 的发展起源于 20 世纪 80 年代末和 90 年代初，正值超级计算机的兴起。这些超级计算机主要用于科学和工程计算，涵盖气象模拟、核能研究、分子建模、流体动力学等领域。超级计算机本质上是由一组高性能计算机组成的集群，它们共同服务于科学和工程计算问题，使得程序能够在多台计算机上并行运行。

在 MPI 出现之前，多个研究小组和机构已经开始独立开发并推广自己的通信库。然而，这种做法导致了互操作性和可移植性的问题。因此，计算社区迫切需要一种标准化的方法来编写并行应用程序。

1992 年，图灵奖得主 Jack Dongarra 与其他几位学者联合提出了并行计算的第一个草案，即 MPI-1。第一个标准版本 MPI-1.0 最终在 1994 年发布。随后，为了适应并行计算的不断发展和需求，MPI-2 和 MPI-3 标准也相继发布。这些标准的修订有来自学术界和工业界众多专家的共同参与，他们不断根据最新的并行计算需求对 MPI 标准进行更新和完善。

11.1.2 标准与实现

MPI 是一个并行计算的标准，它既不是编译器、编程语言，也不是具体的实现或产品。像 Dask、Ray 这样的框架是具体的实现。MPI 的区别在于它是一个标准，不同的厂商可以在这一标准下开发自己的实现。“标准”意味着 MPI 定义了一系列的标准函数和方法，所有厂商都必须遵循这些定义；而“实现”则指不同软硬件厂商基于这一标准实现具体的底层通信机制。

例如，若要实现发送数据的功能，MPI 标准中规定了 MPI_Send 方法，所有厂商都应按照这一标准来实现该方法。

MPI 标准具体定义了以下内容：

- 每个函数的名称和参数列表。
- 每个函数的语义，即预期功能，包括函数的作用和限制。

在具体实现上，目前常用的 MPI 实现包括 Open MPI、MPICH、Intel MPI、Microsoft MPI 和 NVIDIA HPC-X 等。由于 MPI 是一个标准，同一段代码可以被不同的 MPI 实现所编译，比如 OpenMPI 或 Intel MPI。每个实现都是由特定的厂商或开源社区开发的，因此在实际使用中也会存在一些差异。

11.1.3　高速网络

进行多机并行计算时，机器之间确实需要高速互联网络来实现有效的数据交换。如果你的集群已经配备了这些硬件，并且已经安装了某个 MPI 实现，那么 MPI 可以充分利用这些高速网络的高带宽和低延迟特性。这些网络通常拥有超过 100Gbps 的带宽，但它们的价格也非常昂贵，因此通常只在高性能计算场景中才会配置这些网络设备。数据中心常见的万兆以太网，带宽在 10Gbps 量级，也可以部署 MPI，并且在使用 MPI 时仍然可以获得一定的加速效果。此外，MPI 还可以在单机上运行，这意味着它可以利用单个节点上的多个计算核心来执行并行任务。

11.1.4　安装

MPI 有多种实现，不同的 MPI 厂商通常会提供以下工具：

- 编译器 mpicc、mpicxx 和 mpifort，分别用于编译 C、C++、Fortran 语言的源代码。源代码中一部分涉及多机通信，一部分是单机计算，这些编译器通常将多机通信与单机计算的代码一起编译，并生成可执行文件。
- 用于执行并行程序的 mpirun 或 mpiexec。mpiexec 能够在多台节点上启动并行程序，创建多个 MPI 进程，实现跨节点的并行计算。

> **提　示**
>
> 在许多 MPI 实现中，mpirun 和 mpiexec 的功能几乎相同，都可以用来启动并行程序。有些 MPI 实现的 mpirun 和 mpiexec 背后可能是同一个程序。但严格地说，MPI 标准中只定义了 mpiexec，并没有定义 mpirun，因此 mpiexec 更具通用性。

当使用 C/C++或 Fortran 这类编译语言编写 MPI 程序时，通常的编译流程包括：使用 mpicc 编译源代码，生成可执行文件，例如将可执行文件命名为 parallel.o；然后使用 mpiexec 在多个节点上启动并运行 parallel.o。

Python 是一种解释型语言，不是编译型语言，因此在使用 mpi4py 库进行 MPI 编程时，用户不需要编译源代码。如果你的集群环境已经安装了 MPI，可以先将 MPI 加载到环境变量中，然后使用 pip 安装：

```
pip install mpi4py
```

如果你的集群环境没有 MPI，且对编译流程不熟悉，则可以直接使用 conda 安装 MPICH。conda 安装的是开源社区预编译好的软件。

```
conda install -c conda-forge mpich
conda install -c conda-forge mpi4py
```

11.2　MPI Hello World

11.2.1　通信模式

MPI 提供的能力更加底层，其通信模式通常有两种：双边（Cooperative）和单边（One-sided），如图 11.1 所示。

- 双边：通信双方均同意数据的收发。发送进程调用发送函数，接收进程调用接收函数。
- 单边：一方可以远程读写另一方的数据，必须等待对方的响应。

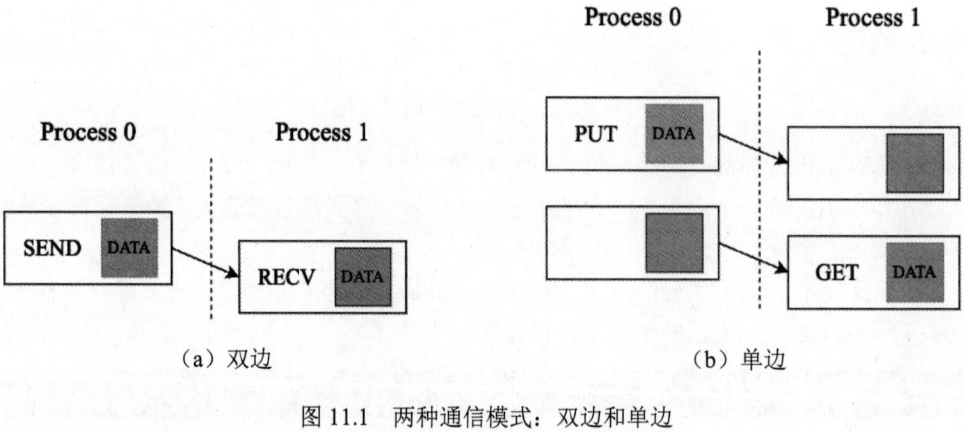

（a）双边　　（b）单边

图 11.1　两种通信模式：双边和单边

11.2.2　World 和 Rank

在进行 MPI 编程时，进程间通信首先需要解决两个基本问题：在 MPI 进程群中，如何识别“我是谁？”以及“除了我，还有哪些进程？”。在 MPI 标准中，MPI_Comm_rank 定义了每个进程的身份，即“我是谁？”；而 MPI_COMM_WORLD 定义了参与通信的所有进程集合，即“还有谁？”。编写 MPI 程序的第一步是创建一个通信域，称为“World”，它包含 size 个进程，每个进程都有一个唯一的识别码，即 Rank，其值取值范围为 0~size-1。

更严谨地表述：

- 在 MPI 中，World 指的是参与并行计算的所有进程的集合。在一个 MPI 程序中，所有进程默认属于一个通信域，即 MPI_COMM_WORLD。在这个通信域内，所有进程都能够相互通信。
- World 中的每个进程都拥有一个唯一的 Rank，Rank 用来标识该进程在通信域中的位置。由于每个进程有自己的 Rank 号码，程序员可以控制 Rank 为 0 的进程向 Rank 为 1 的进程发送数据。

11.2.3　案例：Hello World

下面的代码使用一个简单的例子来演示 MPI 编程。

```
from mpi4py import MPI

comm = MPI.COMM_WORLD

print(f"Hello! I'm rank {comm.Get_rank()} of {comm.Get_size()} running on host {MPI.Get_processor_name()}.")

comm.Barrier()
```

在这段程序中，print()函数在每个进程内执行，用于打印出该进程的 Rank 和主机名。comm.Barrier()确保所有进程同步，即它会将每个进程暂时阻塞，直到所有进程都到达该同步点，之后才会继续执行 comm.Barrier()之后的代码。在本例中，由于 comm.Barrier()之后没有其他操作，因此程序将在此之后退出。

如果在个人计算机上启动 8 个进程，可以通过命令行执行以下命令：

```
mpiexec -np 8 python hello.py
```

运行结果如图 11.2 所示。

不同厂商的 mpiexec 在参数上可能会有所区别。与 C/C++或 Fortran 不同，使用 mpi4py 的便利之处在于它不需要使用 mpicc 编译器进行编译，而是可以直接执行 Python 脚本。

```
Hello! I'm rank 5 of 8 running on host lu-mbp.Hello! I'm rank 1 of 8 running on host lu-mbp.
Hello! I'm rank 2 of 8 running on host lu-mbp.

Hello! I'm rank 4 of 8 running on host lu-mbp.
Hello! I'm rank 6 of 8 running on host lu-mbp.
Hello! I'm rank 7 of 8 running on host lu-mbp.
Hello! I'm rank 3 of 8 running on host lu-mbp.
Hello! I'm rank 0 of 8 running on host lu-mbp.
```

图 11.2　运行结果 1

如果你有一个集群，该集群挂载了一个共享文件系统，即集群中每个节点上的挂载目录内容都是相同的，并且源代码 hello.py 和安装的 MPI 执行工具 mpiexec 也是完全一致的。可以通过以下命令启动多个 MPI 进程：

```
mpiexec -hosts h1:4,h2:4,h3:4,h4:4 -n 16 python hello.py
```

该启动命令将在 16 个进程上执行，这些进程分布在 4 个计算节点上，每个节点上运行 4 个进程。如果节点数量较多，可以创建一个包含节点信息的文件，例如命名为 hf，其内容如下：

```
h1:8
h2:8
```

然后执行以下命令：

```
mpiexec -hostfile hf -n 16 python hello.py
```

11.2.4　Communicator

刚才我们提到了 World 的概念，并使用了 MPI_COMM_WORLD。更准确地说，MPI_COMM_WORLD 是一个通信器（Communicator）。MPI 将进程划分到不同的组（Group）中，每个 Group 有不同的 Color。Group 和 Color 共同组成了 Communicator，或者说 Communicator 是 Group+Color，其中一个默认的 Communicator 就是 MPI_COMM_WORLD。

对于一个进程，它可能属于多个 Communicator，因此在不同 Communicator 中的 Rank 也可能不同。图 11.3（a）、（b）和（c）展示了三个不同的 Communicator，其中圆圈代表进程。当我们启动一个 MPI 程序时，会自动创建默认的 Communicator：MPI_COMM_WORLD，如图 11.3（a）所示。在每个 Communicator 内，每个进程都被分配了一个唯一的 Rank，图中圆圈上的数字表示进程在该 Communicator 中的 Rank。同一个进程可以属于不同的 Communicator，并且在不同 Communicator 中的 Rank 也可能不同，如图 11.3（b）和（c）所示。每个 Communicator 内的进程通信是相互独立的。对于大多数简单的程序而言，使用默认的 MPI_COMM_WORLD 已经足够。

（a）　　　　（b）　　　　（c）

图 11.3　Communicator

11.3　点对点通信

最简单的通信模式是点对点（Point-to-Point）通信，点对点通信又分为阻塞式（Blocking）和非阻塞式（Non-Blocking）。实现点对点通信时主要考虑两个问题：

- 如何控制和识别不同的进程。例如，如何让进程 0 给进程 1 发送消息。
- 如何控制数据的读写操作以及消息的发送和接收。这包括确定数据的大小和数据类型。

11.3.1　发送与接收

Comm.send()和 Comm.recv()是分别用于阻塞式发送和接收数据的函数。

Comm.send(obj, dest, tag=0)的主要参数是 obj 和 dest。obj 代表要发送的数据，它可以是 Python 的内置数据类型，如列表（list）和字典（dict），也可以是 NumPy 的多维数组（ndarray），甚至是在 GPU 上的 CuPy 数据。我们之前讨论了通信器（Communicator）和标识号（Rank），可以通过 Rank 来确定目标进程，其中 dest 表示目标进程的 Rank。tag 参数用于标识，为程序员提供了更精细的控制选项。利用 tag 可以实现消息的有序传递和筛选。接收方可以基于特定标签选择接收消息，或者按照标签的顺序来接收消息，这提供了更灵活的控制消息发送和接收过程的能力。

11.3.2　案例 1：发送 Python 对象

例如，我们可以发送一个 Python 对象。在通信过程中，Python 对象的序列化是通过 pickle 模块实现的。

以下代码展示了如何发送一个 Python 对象。

```
from mpi4py import MPI

comm = MPI.COMM_WORLD
```

```
rank = comm.Get_rank()

if rank == 0:
    data = {'a': 7, 'b': 3.14}
    comm.send(data, dest=1)
    print(f"Sended: {data}, from rank: {rank}.")
elif rank == 1:
    data = comm.recv(source=0)
    print(f"Received: {data}, to rank: {rank}.")
```

将以上代码保存为 send-py-object.py 文件，然后在命令行中执行以下命令启动：

```
mpiexec -np 2 python send-py-object.py
```

运行结果如图 11.4 所示。

```
Sended: {'a': 7, 'b': 3.14}, from rank: 0.
Received: {'a': 7, 'b': 3.14}, to rank: 1.
```

图 11.4　运行结果 2

11.3.3　案例 2：发送 NumPy ndarray

本小节将介绍如何发送一个 NumPy ndarray。

以下代码演示发送 NumPy ndarray 的过程。

```
from mpi4py import MPI
import numpy as np

comm = MPI.COMM_WORLD
rank = comm.Get_rank()

# 明确告知 MPI 数据类型为 int
# dtype='i', i 为 int 的缩写
if rank == 0:
    data = np.arange(10, dtype='i')
    comm.Send([data, MPI.INT], dest=1)
    print(f"Sended: {data}, from rank: {rank}.")
elif rank == 1:
    data = np.empty(10, dtype='i')
    comm.Recv([data, MPI.INT], source=0)
    print(f"Received: {data}, to rank: {rank}.")

# MPI 自动发现数据类型
```

```
if rank == 0:
    data = np.arange(10, dtype=np.float64)
    comm.Send(data, dest=1)
    print(f"Sended: {data}, from rank: {rank}.")
elif rank == 1:
    data = np.empty(10, dtype=np.float64)
    comm.Recv(data, source=0)
    print(f"Received: {data}, to rank: {rank}.")
```

将以上代码保存为 send-np.py 文件，再执行以下命令：

```
!mpiexec -np 2 python send-np.py
```

运行结果如图 11.5 所示。

```
Sended: [0 1 2 3 4 5 6 7 8 9], from rank: 0.
Received: [0 1 2 3 4 5 6 7 8 9], to rank: 1.
Received: [0. 1. 2. 3. 4. 5. 6. 7. 8. 9.], to rank: 1.
Sended: [0. 1. 2. 3. 4. 5. 6. 7. 8. 9.], from rank: 0.
```

图 11.5　运行结果 3

提　示

这里的 Send 和 Recv 函数的首字母大写，表示它们是基于缓冲区（Buffer）的操作。使用这些基于缓冲区的函数时，通常需要明确指定数据类型，例如通过传入二元组（data, MPI.DOUBLE）或三元组（data, count, MPI.DOUBLE）来指定。然而，在之前的例子中，comm.Send(data, dest=1)并没有显式指定数据类型和大小，这是因为 mpi4py 对 NumPy 和 CuPy 的 ndarray 进行了类型和大小的自动推断。

11.3.4　案例 3：Master-Worker

我们现在来实现一个 Master-Worker 模式的案例，其中包含 size 个进程。size-1 个进程作为 Worker 执行随机数据生成任务，而 Rank 为 size-1 的最后一个进程则作为 Master，负责接收这些数据，并将接收到的数据大小打印出来。

以下代码演示 Master 与 Worker 进程间数据发送和接收的过程。

```
from mpi4py import MPI
import numpy as np

comm = MPI.COMM_WORLD
rank = comm.Get_rank()
size = comm.Get_size()
```

```
if rank < size - 1:
    # Worker 进程
    np.random.seed(rank)
    # 随机生成
    data_count = np.random.randint(100)
    data = np.random.randint(100, size=data_count)
    comm.send(data, dest=size - 1)
    print(f"Worker: worker ID: {rank}; count: {len(data)}")
else:
    # Master 进程
    for i in range(size - 1):
        status = MPI.Status()
        data = comm.recv(source=MPI.ANY_SOURCE, status=status)
        print(f"Master: worker ID: {status.Get_source()}; count: {len(data)}")

comm.Barrier()
```

在这个示例中，Rank 小于 size - 1 的进程作为 Worker，生成随机数据，并将这些数据发送给 Rank 为 size - 1 的 Master 进程。Master 进程接收所有 Worker 发送的数据，并打印出接收到的数据的总大小。

```
mpiexec -np 8 python master-worker.py
```

运行结果如图 11.6 所示。

```
Worker: worker ID: 0; count: 44
Worker: worker ID: 2; count: 40
Worker: worker ID: 4; count: 46
Worker: worker ID: 3; count: 24
Master: worker ID: 2; count: 40
Master: worker ID: 3; count: 24
Master: worker ID: 4; count: 46
Master: worker ID: 0; count: 44
Worker: worker ID: 5; count: 99Master: worker ID: 5; count: 99

Worker: worker ID: 1; count: 37
Master: worker ID: 1; count: 37
Worker: worker ID: 6; count: 10
Master: worker ID: 6; count: 10
```

图 11.6　运行结果 4

11.3.5　案例 4：长方形模拟求 π 值

对于半径为 R 的圆，我们可以采用微分方法将圆切分成 N 个小长方形。当长方形数量达到无穷大的 N 时，所有长方形总面积接近 1/4 圆的面积，如图 11.7 所示。

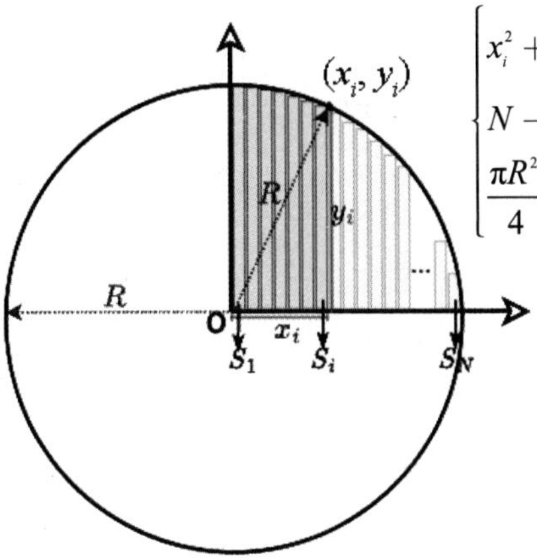

$$
\begin{cases}
x_i^2 + y_i^2 = R^2, x_i = \dfrac{iR}{N} \\
N \to \infty \\
\dfrac{\pi R^2}{4} \approx S_1 + \cdots + S_N
\end{cases}
$$

图 11.7　使用 N 个小长方形接近 1/4 圆的面积

假设此时有 size 个进程参与计算，首先求出每个进程需要处理的长方形数量（N/size）。每个进程各自计算长方形的面积之和，并将结果发送给 Master 进程。第一个进程作为 Master，接收所有 Worker 发送的数据，并汇总所有矩形的面积，从而近似计算出 π 值。

以下代码演示长方形模拟求 π 值的过程。

```
import math
import time

from mpi4py import MPI

communicator = MPI.COMM_WORLD
rank = communicator.Get_rank()  # 进程唯一的标识 Rank
process_nums = communicator.Get_size()
"""
参数设置：
R=1
N=64*1024*1024
"""
t0 = time.time()
rect_num = 64 * 1024 * 1024
rect_width = 1 / rect_num
step_size = rect_num // process_nums

def cal_rect_area(process_no, step_size, rect_width):
    total_area = 0.0
    rect_start = (process_no * step_size + 1) * rect_width
```

```
    for i in range(step_size):
        x = rect_start + i * rect_width
        # (x,y) 对应第 i 个小矩形唯一在圆弧上的顶点
        # x^2+y^2=1 => y=sqrt(1-x^2)
        rect_length = math.pow(1 - x * x, 0.5)
        total_area += rect_width * rect_length
    return total_area

# 在每个进程上执行计算
total_area = cal_rect_area(rank, step_size, rect_width)

if rank == 0:
    # Master
    for i in range(1, process_nums):
        total_area += communicator.recv(source=i)
    p_i = total_area * 4
    t1 = time.time()
    print("Simulated PI: {:.10f}, Relative Error: {:.10f}".format(p_i, abs(1
- p_i / math.pi)))
    print("Time: {:.3f}s".format(t1 - t0))
else:
    # Worker
    communicator.send(total_area, dest=0)
```

上述例子中，我们将参数设置为：R=1，N=64*1024*1024，并将文件保存为 rectangle_pi.py：

```
mpiexec -np 8 python rectangle_pi.py
```

运行结果如图 11.8 所示。

```
Simulated PI: 3.1415926238, Relative Error: 0.0000000095
Time: 7.361s
```

图 11.8　运行结果 5

11.3.6　阻塞和非阻塞

1. 阻塞

我们先来分析一下阻塞式通信。Send 和 Recv 是两个基于缓冲区的方法：

- Send 方法会在缓冲区的数据全部发送完毕之后才返回（return）。此时，该缓冲区可以被其他 Send 操作再次使用。
- Recv 方法会在缓冲区被数据填满之后才返回。

如图 11.9 所示，阻塞式通信在数据完全传输完成后才会结束等待状态并返回。

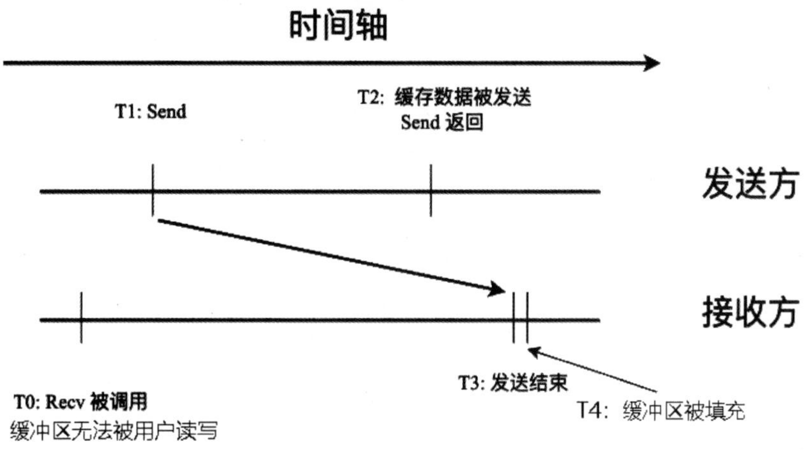

图 11.9　阻塞式通信示意图

阻塞式通信的代码设计相对简单，但容易出现死锁。例如，下面的逻辑可能导致 Rank 1 进程产生死锁，应该将 Send 和 Recv 的调用顺序互换。

```
if rank == 0:
comm.Send(..to rank 1..)
   comm.Recv(..from rank 1..)
else if (rank == 1):              <- 该进程死锁
   comm.Send(..to rank 0..)       <- 应将 Send Revc 互换
   comm.Recv(..from rank 0..)
```

2. 非阻塞

与阻塞式通信相比，非阻塞通信不会等待数据传输完成才开始执行后续操作。它允许通信和计算任务并行执行，从而提高性能：网络负责数据传输，而 CPU 则可以同时进行计算任务。isend 和 irecv 是用于非阻塞通信的函数：

- isend：启动一个非阻塞发送操作，并立即将控制权返回给调用者，允许执行后续代码。
- irecv：启动一个非阻塞接收操作，并立即将控制权返回给调用者，允许执行后续代码。

非阻塞通信调用会立即返回一个 Request 句柄，调用者随后可以对这个 Request 句柄进行进一步处理，例如等待数据传输完成。带有大写 I 前缀的函数是基于缓冲区的，而带有小写 i 前缀的则不是。isend 的函数参数与 send 类似，但 isend 返回的是一个 Request 对象。Request 类提供了 wait 方法，调用该方法可以显式地等待数据传输完成。原本使用 send 编写的阻塞式代码可以通过使用 isend 加上 Request.wait()来改写为非阻塞方式。

以下是展示非阻塞通信的一个示例代码。

```
from mpi4py import MPI

comm = MPI.COMM_WORLD
rank = comm.Get_rank()

if rank == 0:
    data = {'a': 7, 'b': 3.14}
    req = comm.isend(data, dest=1, tag=11)
    print(f"Sending: {data}, from rank: {rank}.")
    req.wait()
    print(f"Sended: {data}, from rank: {rank}.")
elif rank == 1:
    req = comm.irecv(source=0, tag=11)
    print(f"Receiving: to rank: {rank}.")
    data = req.wait()
    print(f"Received: {data}, to rank: {rank}.")
```

```
mpiexec -np 8 python non-blocking.py
```

运行结果如图 11.10 所示。

```
Receiving: to rank: 1.
Sending: {'a': 7, 'b': 3.14}, from rank: 0.
Sended: {'a': 7, 'b': 3.14}, from rank: 0.
Received: {'a': 7, 'b': 3.14}, to rank: 1.
```

图 11.10　运行结果 6

图 11.11 展示了在非阻塞通信中加入 wait()调用后，数据流的变化情况。

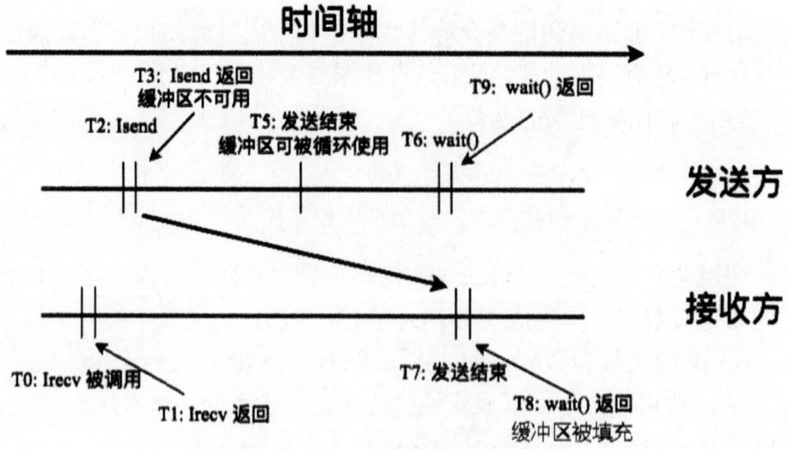

图 11.11　非阻塞式通信示意图

11.4 集合通信

刚刚介绍了点对点通信，本节将主要介绍一种全局通信方式：集合通信，它允许在组内的多个进程之间同时进行数据传输。目前，集合通信仅支持阻塞模式。

集合通信主要包括以下几类：

- 同步操作，例如 Comm.Barrier()。
- 数据移动，例如 Comm.Bcast()、Comm.Scatter()、Comm.Gather() 等。
- 集合计算，例如 Comm.Reduce()、Intracomm.Scan()等。

首字母大写的函数名表示这些操作是基于缓冲区的，例如 Comm.Bcast()、Comm.Scatter()、Comm.Gather()、Comm.Allgather()、Comm.Alltoall()。而首字母小写的函数名表示这些操作可以传输 Python 对象，例如 Comm.bcast()、Comm.scatter()、Comm.gather()、Comm.allgather()、Comm.alltoall()。

11.4.1 同步

MPI 计算分布在多个进程中，而这些进程的计算速度可能各不相同。Comm.Barrier()对 Communicator 中的所有进程执行同步等待，正如"Barrier"这个英文名所暗示的，它相当于设置了一个障碍，要求所有进程在到达这一点后才能继续执行。计算速度快的进程在到达 Comm.Barrier()后，不能继续执行 Comm.Barrier()之后的计算逻辑，它们必须等待其他所有进程也到达这一点。

11.4.2 数据移动

1. 广播

Comm.Bcast 将数据从一个发送者全局广播给组中所有的进程。广播操作适用于需要将同一份数据发送给所有进程的场景，例如将一个全局变量的值发送给所有进程，如图 11.12 所示。

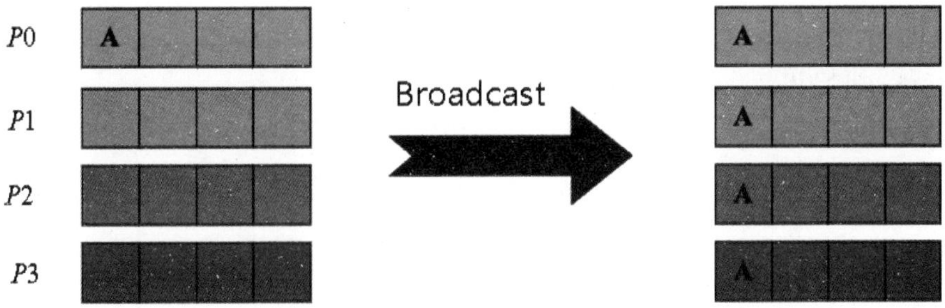

图 11.12 Broadcast

2. 案例：广播

以下代码演示如何将一个 NumPy 数组广播到所有进程：

```
import numpy as np
from mpi4py import MPI

comm = MPI.COMM_WORLD

comm.Barrier()

N = 5
if comm.rank == 0:
    A = np.arange(N, dtype=np.float64)    # rank 0 初始化数据到变量 A
else:
    A = np.empty(N, dtype=np.float64)     # 其他节点的变量 A 为空

# 广播
comm.Bcast([A, MPI.DOUBLE])

# 验证所有节点上的 A
print("Rank:%2d, data:%s" % (comm.rank, A))
```

在命令行执行它：

```
mpiexec -np 4 python broadcast.py
```

运行结果如图 11.13 所示。

```
Rank: 0, data:[0. 1. 2. 3. 4.]
Rank: 2, data:[0. 1. 2. 3. 4.]
Rank: 1, data:[0. 1. 2. 3. 4.]
Rank: 3, data:[0. 1. 2. 3. 4.]
```

图 11.13　运行结果 7

3. Scatter 和 Gather

Comm.Scatter 和 Comm.Gather 是一对相对应的 MPI 通信操作，如图 11.14 所示。

- Comm.Scatter 将数据从一个进程分散到组中的所有进程。一个进程将数据分散成多个块，每个块发送给对应的进程。其他进程接收并存储各自的块。Scatter 操作适用于将一个较大的数据集分割成多个小块。
- Comm.Gather 与 Comm.Scatter 相反，将组中所有进程的小数据块归集到一个进程上。

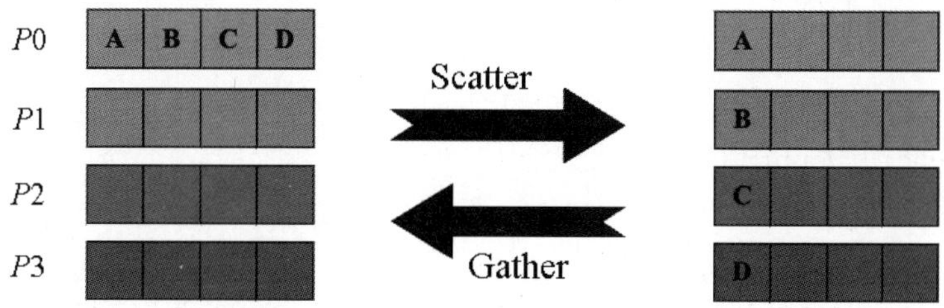

图 11.14　Scatter 与 Gather

4. 案例：Scatter

以下代码演示如何使用 Scatter 将数据分散到所有进程。

```
from mpi4py import MPI
import numpy as np

comm = MPI.COMM_WORLD
size = comm.Get_size()
rank = comm.Get_rank()

sendbuf = None
if rank == 0:
    sendbuf = np.empty([size, 8], dtype='i')
    sendbuf.T[:,:] = range(size)
    print(f"Rank: {rank}, to be scattered: \n{sendbuf}")
recvbuf = np.empty(8, dtype='i')
comm.Scatter(sendbuf, recvbuf, root=0)
print(f"Rank: {rank}, after scatter: {recvbuf}")
assert np.allclose(recvbuf, rank)
```

在命令行执行它：

```
mpiexec -np 4 python scatter.py
```

运行结果如图 11.15 所示。

```
Rank: 0, to be scattered:
[[0 0 0 0 0 0 0 0]
 [1 1 1 1 1 1 1 1]
 [2 2 2 2 2 2 2 2]
 [3 3 3 3 3 3 3 3]]
Rank: 0, after scatter: [0 0 0 0 0 0 0 0]
Rank: 1, after scatter: [1 1 1 1 1 1 1 1]
Rank: 2, after scatter: [2 2 2 2 2 2 2 2]
Rank: 3, after scatter: [3 3 3 3 3 3 3 3]
```

图 11.15　运行结果 8

5. Allgather 和 Alltoall

另外两个比较复杂的操作是 Comm.Allgather 和 Comm.Alltoall。

Comm.Allgather 是 Comm.Gather 的进阶版，如图 11.16 所示。它把散落在多个进程的多个小数据块发送给每个进程，每个进程都包含一份相同的数据。

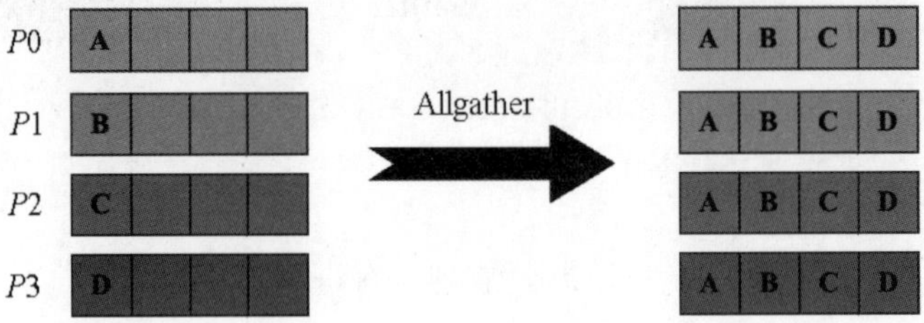

图 11.16　Allgather

Comm.Alltoall 是 Comm.Scatter 和 Comm.Gather 的组合，如图 11.17 所示。首先进行 Comm.Scatter 操作，然后进行 Comm.Gather 操作。如果把数据视为一个矩阵，Comm.Alltoall 可以被看作一种全局的转置（Transpose）操作。

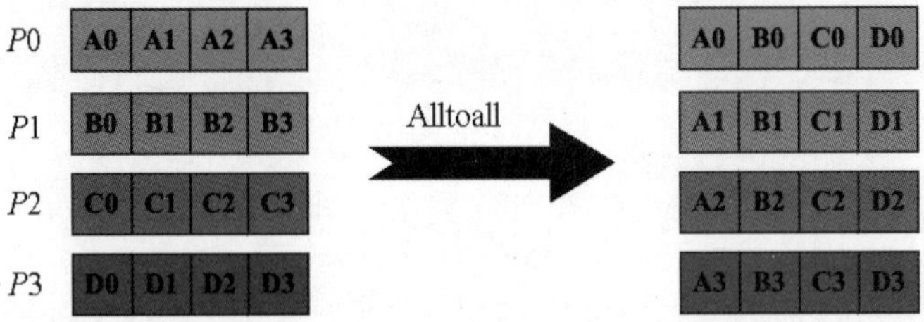

图 11.17　Alltoall

11.4.3　集合计算

集合计算是将散落在不同进程中的数据聚合在一起，并对数据进行计算，例如 Comm.Reduce。如图 11.18 和图 11.19 所示，数据被归集到某个进程时，还会执行聚合函数 f，其中求和函数 MPI.SUM 是常用的聚合函数。

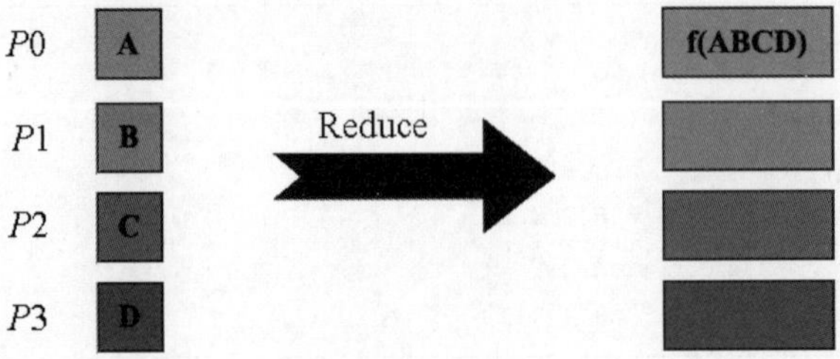

图 11.18　Reduce

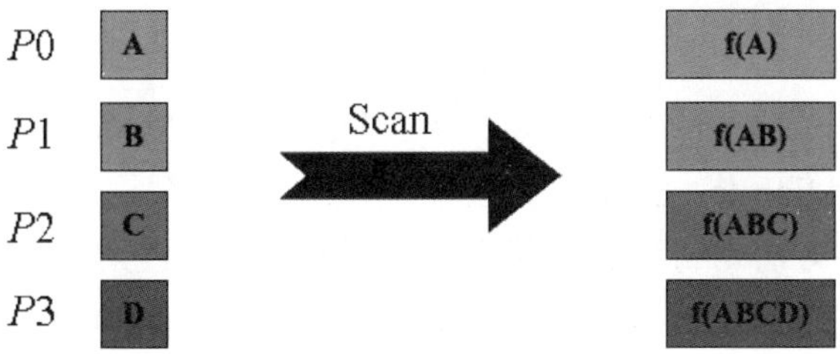

图 11.19　Scan

11.5　远程内存访问

11.2 节介绍了两种通信模式，即双边和单边。前面介绍的点对点通信和集合通信主要针对的是双边通信，本节主要介绍单边通信。单边通信是进程间直接访问远程内存，又称为远程内存访问（Remote Memory Access，RMA）。

11.5.1　Window

在 MPI 中，任何进程所分配的内存通常是私有的，即只被进程自己访问。然而，在远程内存访问中，需要把进程的某些内存区域暴露给其他进程，这部分内存不再私有，而变成了公共的，需要特别处理。在 MPI 中，使用窗口（Window）来定义可被远程访问的内存区域。通过设置某个内存区域为允许远程访问，所有在同一 Window 内的进程都可以对该区域进行读写。图 11.20 展示了私有的内存区域和可被远程访问的 Window。mpi4py 提供了 mpi4py.MPI.Win 类用于 Window 相关的操作。

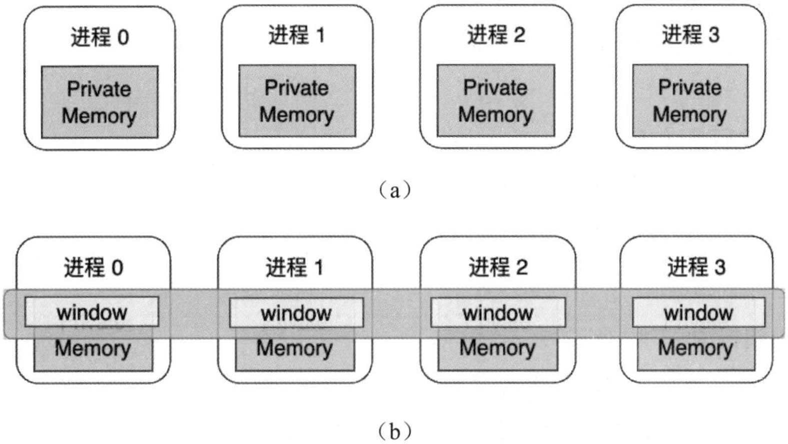

图 11.20　进程私有内存与允许远程访问的 Window

11.5.2　创建 Window

我们可以使用 mpi4py.MPI.Win.Allocate 和 mpi4py.MPI.Win.Create 创建窗口（Window）。其中 mpi4py.MPI.Win.Allocate 方法用于创建新的内存缓存，该缓存可被远程访问；而 mpi4py.MPI.Win.Create 方法则将现有的某个内存缓存区域设置为可远程访问。这两个方法的主要区别在于它们操作的内存类型，mpi4py.MPI.Win.Allocate(size)传入的是要创建的内存缓存的字节数 size，而 mpi4py.MPI.Win.Create(memory)传入的是现有内存区域的地址 memory。

11.5.3　读写操作

创建可远程访问的窗口（Window）之后，可以通过三类方法对内存区域进行读写操作：MPI.Win.Put、MPI.Win.Get 和 MPI.Win.Accumulate。这些方法接受两个参数：origin 和 target_rank，分别表示源进程和目标进程。其中，源进程是调用读写方法的进程，而目标进程是将要被读写的进程。

- Win.Put: 此方法将数据从源进程移动到目标进程。
- Win.Get: 此方法将数据从目标进程移动到源进程。
- Win.Accumulate: 类似于 Win.Put，此方法也将数据从源进程移动到目标进程，但不同之处在于它还包括一个聚合操作，即对目标进程中的数据执行某种操作。可用的聚合操作符包括 MPI.SUM、MPI.PROD 等。

11.5.4　数据同步

单机程序是顺序执行的，但在多机环境中，涉及多方数据的读写可能会出现数据同步问题。如图 11.21 所示，如果不明确读写操作的顺序，尤其是短时间内同时执行 PUT 操作，可能会导致某块内存区域的数据不符合程序员的预期。

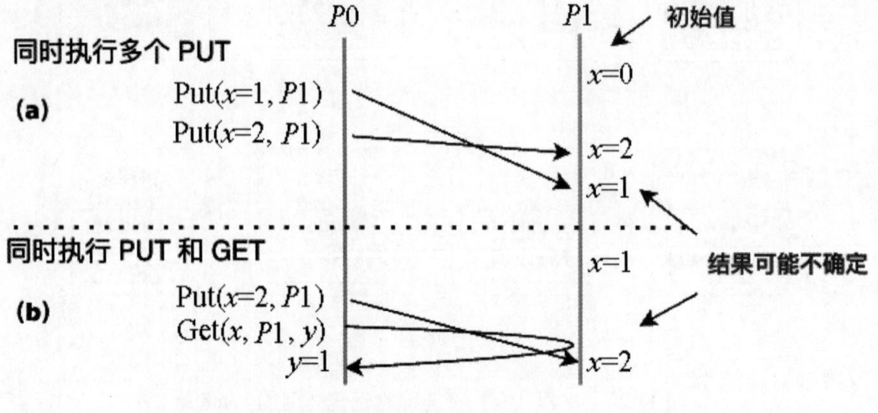

图 11.21　并行数据读写时会出现数据同步问题，*P*0 和 *P*1 表示两个不同的进程

为解决多机环境中的数据同步问题，需要采用适当的数据同步机制。MPI 提供了几种同步方式，包括主动目标同步（Active Target Synchronization）和被动目标同步（Passive Target Synchronization），如图 11.22 所示。

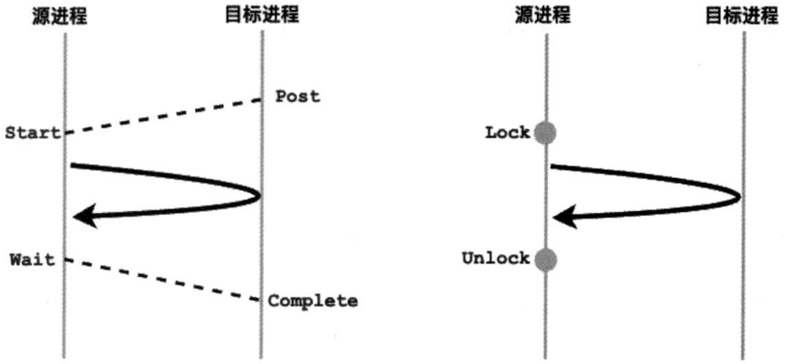

（a）主动同步　（b）被动同步

图 11.22　主动同步与被动同步

11.5.5　案例：远程读写

一个完整的 RMA 程序应该包括：

- 创建 Window。
- 数据同步。
- 数据读写。

以下代码展示了一个案例，它的代码保存为 rma-lock.py。

```
import numpy as np
from mpi4py import MPI
from mpi4py.util import dtlib

comm = MPI.COMM_WORLD
rank = comm.Get_rank()

datatype = MPI.FLOAT
np_dtype = dtlib.to_numpy_dtype(datatype)
itemsize = datatype.Get_size()

N = 8
win_size = N * itemsize if rank == 0 else 0
win = MPI.Win.Allocate(win_size, comm=comm)
```

```
buf = np.empty(N, dtype=np_dtype)
if rank == 0:
    buf.fill(42)
    win.Lock(rank=0)
    win.Put(buf, target_rank=0)
    win.Unlock(rank=0)
    comm.Barrier()
else:
    comm.Barrier()
    win.Lock(rank=0)
    win.Get(buf, target_rank=0)
    win.Unlock(rank=0)
    if np.all(buf == 42):
        print(f"win.Get successfully on Rank {comm.Get_rank()}.")
    else:
        print(f"win.Get failed on Rank {comm.Get_rank()}.")
```

在命令行执行它：

```
mpiexec -np 8 python rma_lock.py
```

运行结果如图 11.23 所示。

```
win.Get successfully on Rank 4.
win.Get successfully on Rank 5.
win.Get successfully on Rank 6.
win.Get successfully on Rank 7.
win.Get successfully on Rank 1.
win.Get successfully on Rank 2.
win.Get successfully on Rank 3.
```

图 11.23　运行结果 9

第 12 章

MPI 与大模型

本章主要讲解大模型的并行方法。所谓大模型，指的是参数量庞大的神经网络，它们必须通过并行方式进行训练和推理。大模型并行具有以下几个特点：

- 计算运行在 GPU 等加速卡上，这些硬件专为提高计算效率而设计。
- 加速卡的成本非常高昂，因此需要努力提高其利用率，以确保投资的回报。
- 由于模型参数量巨大，在训练或推理过程中，可能需要在加速卡之间传输大量数据，这要求有很高的带宽和低延迟以保证效率。

本章将从概念和原理上进行详细解读，具体的实现细节可以参考其他学术论文和开源库。

12.1　NCCL 简介

随着 GPU 在高性能计算领域的广泛应用，尤其是在深度学习和大型模型训练中，对延迟和带宽的要求日益严格。因此，实现多个 GPU 之间高效的数据传输变得越发重要。在 GPU 编程中，数据经常需要在 CPU 和 GPU 之间进行复制。然而，MPI 最初是为 CPU 集群设计的，并不完全适应大规模 GPU 集群的应用场景。

例如，在传统的 MPI 中，数据传输是在进程间进行的。但在单机多 GPU 服务器上，通常需要在多张 GPU 卡之间进行大量的数据传输。如图 12.1 所示，多个节点上的 GPU 通信需要经过以下步骤：首先将数据从 GPU 复制到 CPU，然后通过 MPI 进行数据的发送和接收。为了更好地适应大规模 GPU 集群和深度学习应用的需求，NVIDIA 设计了 NVIDIA 集合通信库（NVIDIA Collective Communications Library，NCCL），旨在解决 MPI 在大规模 GPU 集群上遇到的各种问题。

MPI 与 NCCL 并不是完全的替代关系。NCCL 的许多通信原语，例如点对点通信和集合通信，都受到了 MPI 的影响。可以说，NCCL 是在 MPI 的基础上进行的扩展，更加适合 GPU 集群环境。图 12.2 展示了 NCCL 实现的通信原语。

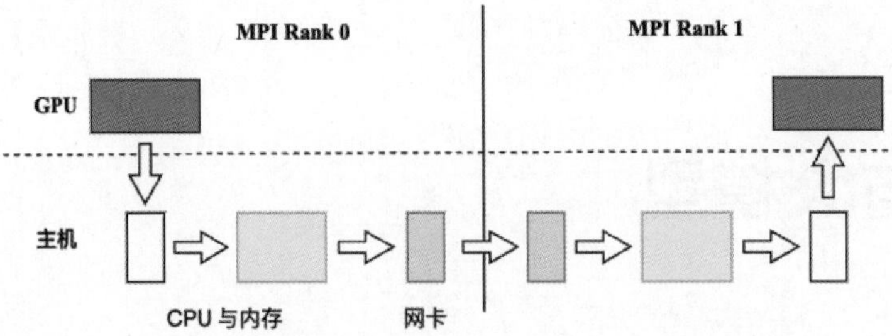

图 12.1　先将数据从 GPU 复制到 CPU，再进行通信

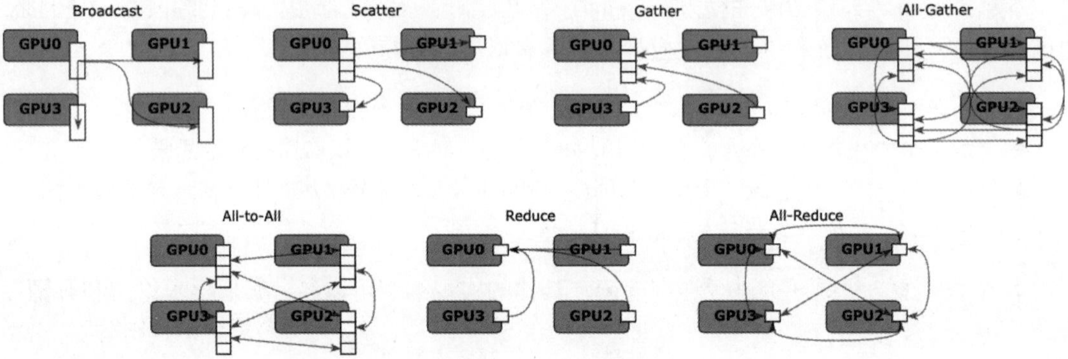

图 12.2　NCCL 实现的通信原语

同样，其他加速器厂商也推出了自己的通信库，例如：

- AMD 提供了针对 ROCm 平台的 RCCL（ROCm Communication Collectives Library）。
- 华为提供了 HCCL（Huawei Collective Communication Library）。

这些集合通信库是为特定硬件量身定制的，目的是解决特定集群环境中的通信挑战。

NCCL 主要提供 C/C++编程接口。对于 Python 社区的开发者，如果需要使用 NCCL，可以考虑 PyTorch 的 torch.distributed 库。NCCL 也是 PyTorch 推荐的 GPU 并行计算后端。本书不会深入讲解 torch.distributed 的使用细节，而是继续使用 MPI 来展示大模型训练和推理过程中涉及的各种通信问题。

12.2　数据并行

数据并行是大模型并行方法中最常见的一种，并且相对于其他并行方法来说，数据并行在实现上更为简单直观。如图 12.3 所示，模型的副本被加载到不同的 GPU 设备上，而训练数据则被分割成多个份，每个份由不同的 GPU 独立进行训练。这种编程模式被称为单程序多数据（Single Program Multiple Data，SPMD）。

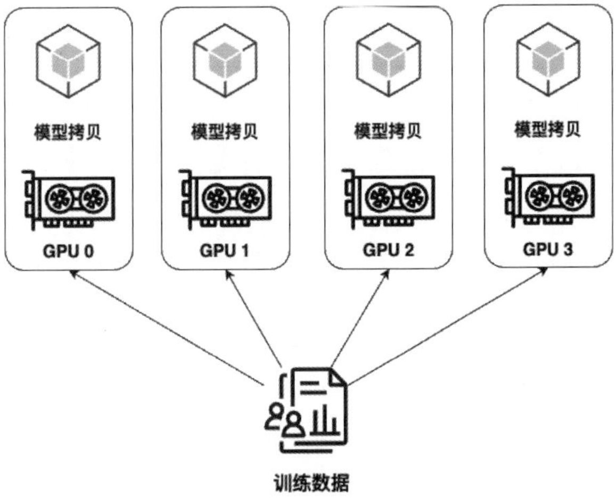

图 12.3　数据并行示意图

12.2.1　非并行训练

2.2 节介绍了神经网络模型训练的过程。我们首先从非并行的场景开始讨论，以 MNIST 手写数字识别案例进行演示。如图 12.4 所示，该案例展示了一次前向传播和一次反向传播的过程。

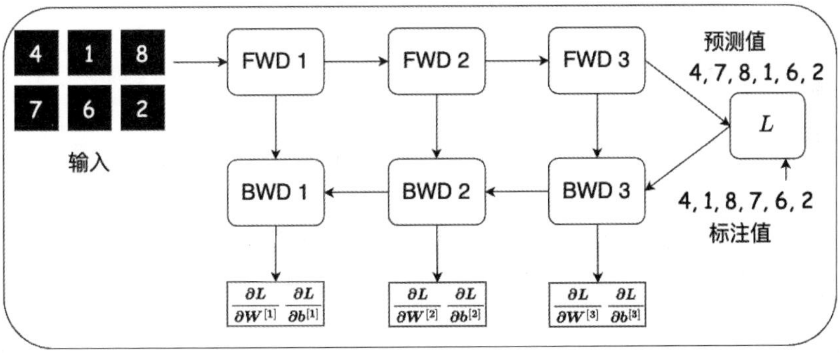

图 12.4　在单个 GPU 上进行神经网络训练

12.2.2　数据并行

数据并行技术涉及将数据集分割成多份，并在不同的 GPU 上复制模型权重。如图 12.5 所示，假设有两块 GPU，每块 GPU 上都有一个模型权重的副本以及相应切分的输入数据子集。在每块 GPU 上，都会独立进行前向传播和反向传播的过程：前向传播负责计算每层的输出值，而反向传播则用于计算模型权重的梯度。这些计算在不同的 GPU 之间是相互独立的，互不干扰。

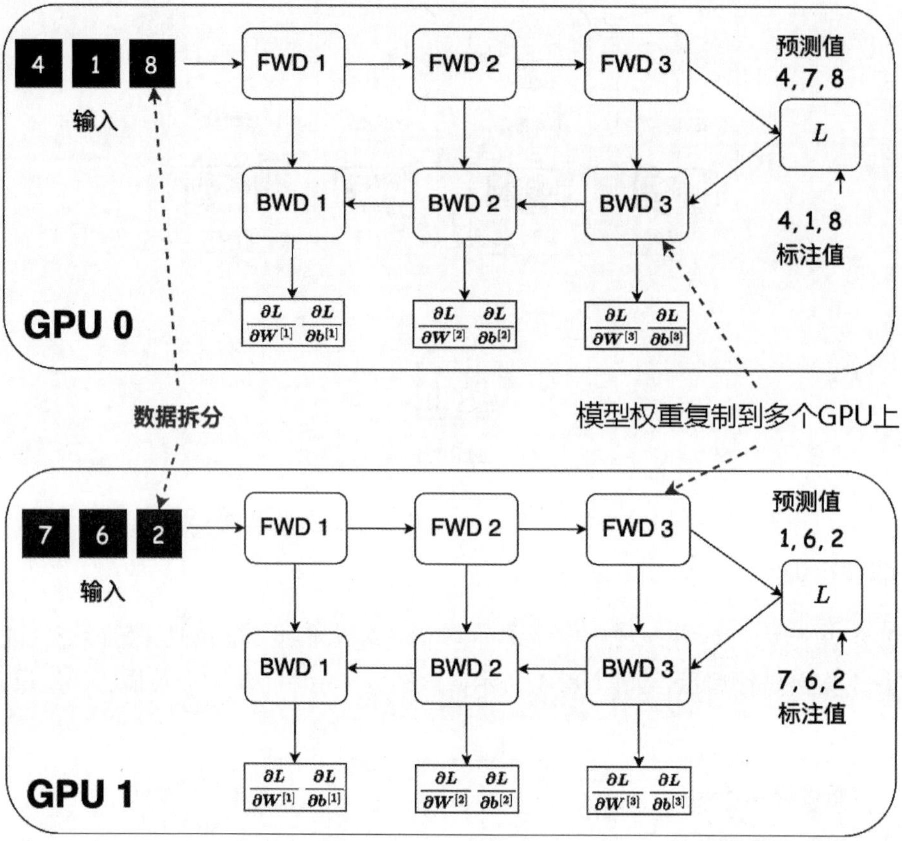

图 12.5　在两个 GPU 上进行神经网络训练

在前向传播和反向传播阶段，通常还不会产生通信开销。然而，在更新模型权重时，需要进行必要的同步，因为每块 GPU 上得到的梯度可能不同。可以通过计算平均值来获得统一的梯度。这里演示了 $\boldsymbol{W}$，$\frac{\partial \boldsymbol{L}^i}{\partial \boldsymbol{W}}$ 为单块 GPU 上的梯度，而 $\frac{\partial \boldsymbol{L}^{\text{sync}}}{\partial \boldsymbol{W}}$ 为同步后的平均梯度。

$$\frac{\partial \boldsymbol{L}^{\text{sync}}}{\partial \boldsymbol{W}} = \frac{1}{\#\text{GPU}_s} \sum_{i=0}^{\#\text{GPU}_s} \frac{\partial \boldsymbol{L}^i}{\partial \boldsymbol{W}}$$

同步不同 GPU 上的梯度可以利用 MPI 提供的 AllReduce 原语。MPI 的 AllReduce 操作将每块 GPU 上独立计算得到的梯度收集起来，技术平均值，然后将计算得到的平均梯度广播回各块 GPU。

如图 12.6 所示，在梯度同步阶段，MPI 的 AllReduce 原语确保了各 GPU 上梯度的一致性。

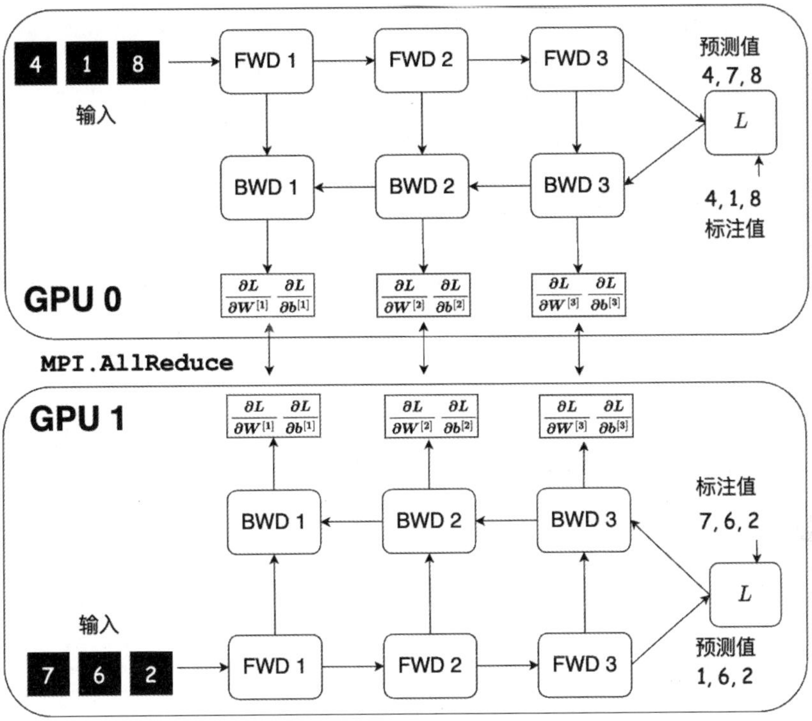

图 12.6　在进行模型权重更新时，要使用 MPI 的 AllReduce 原语，将各 GPU 上的梯度同步

12.3　流水线并行

流水线并行是另一种常见的大型模型并行方法。当模型大小没有超过单个 GPU 显存容量时，数据并行通过在每个 GPU 上复制一份模型权重，成为最简单易用的选项。然而，现代的模型已经变得如此庞大，以至于无法放入单块 GPU 中，例如拥有 175B 参数的 GPT-3。即使使用 FP16 格式存储，也需要 350GB 的存储空间，而单块 NVIDIA A100 或 H100 GPU 的显存仅为 80GB。流水线并行提供了解决这一问题的方案，它通过将大模型的不同层分配到不同的 GPU 上来实现。这一核心思想在图 12.7 中有详细展示。

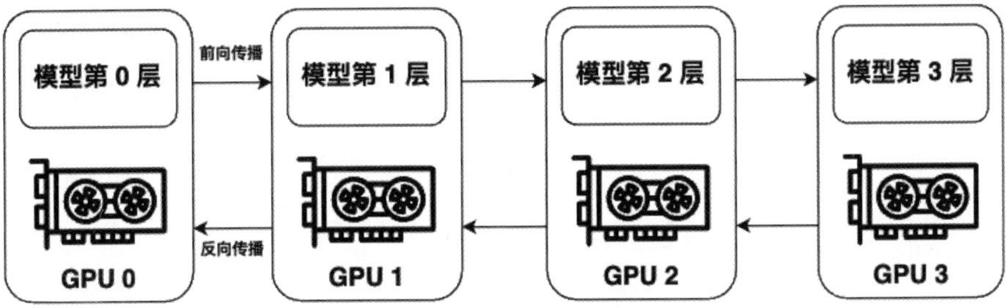

图 12.7　朴素流水线并行示意图

12.3.1 朴素流水线并行

假如模型被切分为两部分，第一部分在 GPU 0 上，第二部分在 GPU 1 上。每个 GPU 上计算前向传播和反向传播，如图 12.8 所示。

- 在前向传播过程中，输出需要在 GPU 之间传输。
- 在反向传播过程中，损失对于输出的梯度需要在 GPU 之间传输。

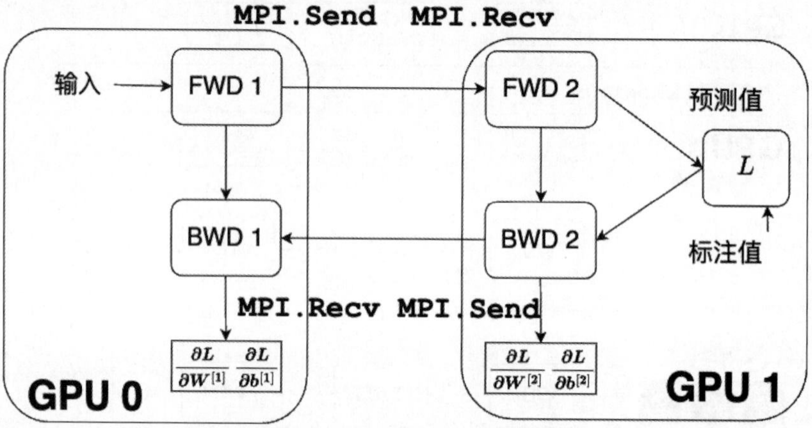

图 12.8　在两个 GPU 上使用流水线并行

在这种最朴素的流水线并行场景中，通常只需要使用点对点通信，即 MPI.Send 和 MPI.Recv 方法，而无须集合通信。

然而，朴素流水线并行有一个致命的缺点，那就是 GPU 利用率低。主要体现在：

- 任何时刻只有一块 GPU 在进行计算，其他 GPU 都在等待上下游的计算结果传过来。如果不考虑通信的时间成本，GPU 利用率仅为 $\frac{1}{\#\text{GPU}_s}\%$。
- 即使考虑通信时间，GPU 在等待网卡的数据传输期间，计算和通信也无法实现重叠（Overlap）。由于 GPU 设备和网络设备是相互独立的，理论上在 GPU 进行当前批次计算的同时，网络设备可以传输上一批次的数据，从而实现两者的并行工作。

针对这些问题，研究者提出了一些方法，从数据切分和重叠的角度优化流水线并行，以提高 GPU 利用率。这些方法在朴素流水线并行的基础上进行了改进，感兴趣的读者可以参考以下文献以获取更多信息。

- GPipe[16]
- PipeDream[17]
- Megatron-LM[18]

12.3.2　流水线并行 + 数据并行

流水线并行与数据并行是两种互不干扰的方法，它们可以结合使用以提高计算效率。为了避免在数据传输过程中出现错乱，应使用 MPI 的 Communicator 来进行隔离和协调。正如我们在 11.2 节中提到的，Communicator 在 MPI 中可以被理解为一个通信组，允许同一个 GPU 参与到多个不同的 Communicator 中。

如图 12.9 所示，我们创建了两种类型的 Communicator：红色的用于流水线并行，而蓝色的用于数据并行。同一个 GPU 可以同时属于这两个 Communicator，这样它既能处理流水线并行中模型层之间的通信，也能参与数据并行中的梯度同步。

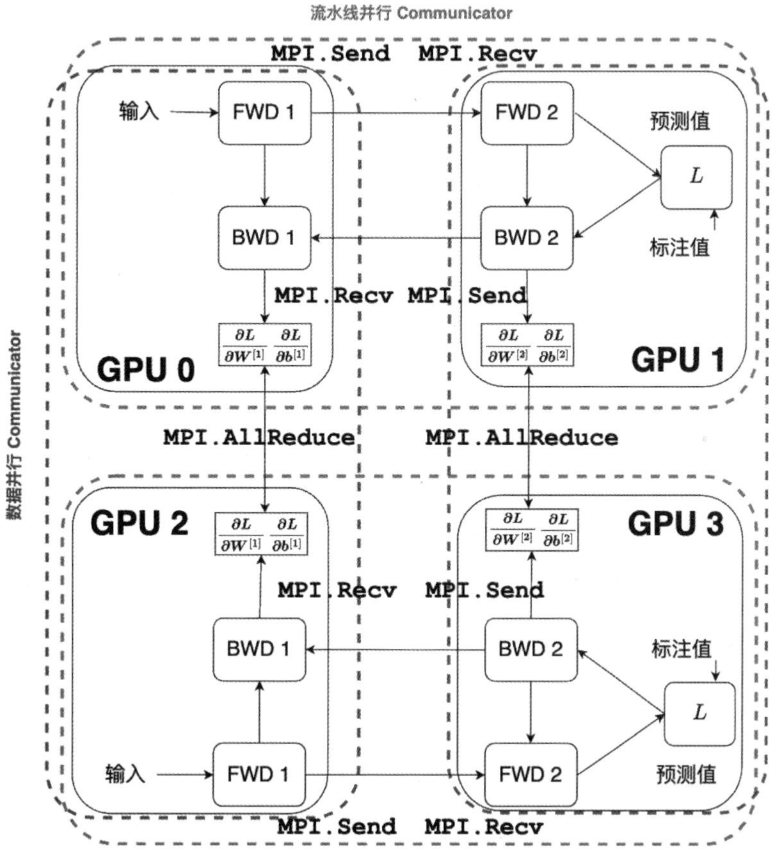

图 12.9　流水线并行结合数据并行（扫描图上的二维码查看彩图）

至此，我们介绍了两种最朴素的大模型并行训练方式：数据并行和流水线并行。工业级分布式训练库的实现比这些复杂，但背后的思想万变不离其宗。

参考文献

[1] Foster I. Designing and Building Parallel Programs: Concepts and Tools for Parallel Software Engineering [M]. Boston: Addison-Wesley Longman Publishing Co., Inc., 1995.

[2] Dean J, Ghemawat S. MapReduce: Simplified Data Processing on Large Clusters [C]. In: 6th Symposium on Operating System Design and Implementation. San Francisco, CA, 2004：137-150.

[3] Shearer C. The CRISP-DM Model: The New Blueprint for Data Mining [J]. Journal of Data Warehousing, 2000, 5(4): 13-22.

[4] Kingma D, Ba J. Adam: A Method for Stochastic Optimization [C]. In: 3rd International Conference on Learning Representations (ICLR 2015). San Diego, CA, USA, 2015.

[5] Karnin Z, Koren T, Somekh O. Almost Optimal Exploration in Multi-Armed Bandits [C]. In: Proceedings of the 30th International Conference on Machine Learning (ICML 2013). Atlanta, Georgia, USA, 2013：1238-1246.

[6] Falkner S, Klein A, Hutter F. BOHB: Robust and Efficient Hyperparameter Optimization at Scale [C]. In: Proceedings of the 35th International Conference on Machine Learning (ICML 2018). Stockholm, Sweden, 2018：1437-1446.

[7] Jaderberg M, Dalibard V, Osindero S, et al. Population Based Training of Neural Networks [J/OL]. arXiv: 1810.05934, 2017.

[8] McKinney W. Python for Data Analysis: Data Wrangling with pandas, NumPy, and Jupyter [M]. O'Reilly Media, 2022.

[9] 周志华. 机器学习 [M]. 北京：清华大学出版社，2016.

[10] 阿斯顿・张, 李沐, 扎卡里・立顿, 亚历山大・斯莫拉. 动手学深度学习 [M]. 北京：人民邮电出版社，2019.

[11] Hewitt C, Bishop P B, Steiger R. A Universal Modular ACTOR Formalism for Artificial Intelligence [C]. In: Proceedings of the 3rd International Joint Conference on Artificial Intelligence (IJCAI 1973). Stanford, CA, USA, 1973：235-245.

[12] Petersohn D, Macke S, Xin D, et al. Towards Scalable DataFrame Systems [C]. In: Proceedings of the VLDB Endowment (PVLDB), 2020, 13(12): 2033-2046.

[13] Petersohn D, Tang D, Durrani R, et al. Flexible Rule-Based Decomposition and Metadata Independence in Modin: A Parallel DataFrame System [C]. In: Proceedings of the VLDB

Endowment (PVLDB), 2021, 15(3): 739-751.

[14] He K, Zhang X, Ren S, Sun J. Deep Residual Learning for Image Recognition [C]. In: Proceedings of the IEEE Conference on Computer Vision and Pattern Recognition (CVPR). Las Vegas, USA, 2016.

[15] Li L, Jamieson K, Rostamizadeh A, et al. Massively Parallel Hyperparameter Tuning [J/OL]. arXiv: 1810.05934, 2018.

[16] Huang Y, Cheng Y, Bapna A, et al. Gpipe: Efficient Training of Giant Neural Networks Using Pipeline Parallelism [C]. In: Proceedings of the 33rd International Conference on Neural Information Processing Systems (NeurIPS). Red Hook, NY, USA, 2019.

[17] Narayanan D, Harlap A, Phanishayee A, et al. PipeDream: Generalized Pipeline Parallelism for DNN Training [C]. In: Proceedings of the 27th ACM Symposium on Operating Systems Principles (SOSP). New York, NY, USA, 2019： 1-15.

[18] Narayanan D, Shoeybi M, Casper J, et al. Efficient Large-Scale Language Model Training on GPU Clusters Using Megatron-LM [C]. In: Proceedings of the International Conference for High Performance Computing, Networking, Storage and Analysis. St. Louis Missouri, USA, 2021： 1-15.